KB093992

# 바리스타 실무

**김춘호·김소영·정재원** 공저

(주)백산출판사

차 례

제1장

# 커피의 기초

## 1. 검은 천사의 매력

향기롭고 맛있는 한 잔의 커피는 항상 마음을 설레게 한다. 커피를 잘 알고 마시는 사람이 있는가 하면 그냥 습관처럼 마시는 사람도 있다. 현대인들이 커피에

대해 관심을 가지면서 건강에 좋은 커피는 어떤 것인가? 또, 어떻게 마시면 제대로 맛있게 마실까? 나도 예쁜 커피숍을 운영하고 싶다. 등등 여러 가지 이유로 커피에 대한 관심이 많아지고 있다. 우선, 커피에 대해 관심을 가지고 알고 싶다면 어떻게 하면 올바른 커피를 마실까에 대해 먼저 생각해야 한다.

"커피는 지옥처럼 검고, 죽음처럼 강하며, 사랑처럼 달콤한 것이다"라는 터키의 옛 속담이 있다. 인스턴트커피, 티백커피, 진공 포장 커피를 슈퍼마켓이나 대형 할인마트에서 구매하는 시대에, 전통 커피 소매인들은 퇴보되고 있었다. 그런데 신기하게도 자기만의 색깔을 가진 작은 커피하우스는 여전히 우리 곁에 있다. 또한 그 사업들은 점차 대형화되어 번창하고 있으며, 커피시장의 활성화를 넘어 커피시장의 전쟁터로 변했다. 전쟁터와 같은 커피시장에서 틈새시장처럼 멋지게 자기만의 색깔을 가지고 운영하고 있는 커피하우스들이 얼마나 자랑스럽고 매력적인지 상상해 보자.

일반적으로 사람들이 생각하는 이상적인 커피가게 중 하나는, 전통적 목재에 앞면은 어두운 갈색으로 칠해져 있고 창틀의 가장자리는 금색으로 칠한 앤틱한 분위기의 가구들이 널찍하게 자리 잡고 있으며 창문의 왼쪽에는 낡은 커피로스터 기계와 철이 관통한 드럼통이, 창문의 위쪽에 있는 통풍구를 통하여 향기로운 로스팅 커피 향기가 바쁜 거리의 공중으로 파도처럼 전해지는 커피하우스이다.

물론 커피향기는 바쁜 날을 보내는 사람들의 관심을 끌기에 충분하다. 또한 그 거리의 주변이 변화하지 않았다면 80년 전의 복고풍 느낌이 물씬 풍기는 박물관에 와 있다고 느낄 것이다. 내부는 어두운 색으로 칠해져 있고 작은 계산대가 있는 바, 거친 나무재질로 되어 있는 바닥, 생두포대, 항아리, 그리고 주석 그릇들이 놓여 있는 왼쪽 벽의 선반 위, 그 옆에는 케냐, 하와이코나, 자메이카 블루 마운틴, 모카, 그리고 여러 종류의 블렌딩한 원두들이 갖가지 향기를 내며 진열되어 있다. 오른쪽에는 전통적인 마호가니 색 나무로 만든 복고풍의 카운터가 있고, 카운터 뒤로는 벽난로와 생두자루가 어지럽게 놓여 있으며 주인과 그의 가족들은 열심히 로스팅을 하고 커피를 추출하면서 행복한 모습으로 손님이 원하는 커피를 추출해 준다.

이 장면을 상상해 보면 커피향기와 고풍스러운 분위기만으로도 커피의 아름답고 환상적인 존재감을 확실히 인식하게 된다. 왜 이 특별한 직업이 오랜 시간 동안 소멸되지 않고 생존해 있는가? 이 질문의 답은 기술적인 매니지먼트로 인한 장인정신 때문이다. 더 나아가 그들의  참을성 있는 커피에 대한 열정으로 현재까지 블렌딩 로스트 커피의 유명세는 점점 커지는 추세이다.

100년 전의 커피 소매상들은 모든 마을, 타운, 도시에서 번창했었고, 로스팅과 그라인딩은 일상생활의 하나였다. 커피는 전 세계의 음료이고, 다양한 종류의 커피들을 사람들은 즐긴다. 요즘의 커피는 단지 마시는 것만이 아니라 더 큰 우정의 제스처가 되었다. 그러나 커피의 긴 역사 동안 사람들은 원두를 사랑하기도 하고 싫어하기도 했었다.

커피를 악마의 입김이라 비난도 했었고, 여러 사람에게 음용하는 것이 금지도 되었고, 교황의 은총도 받았다. 그러나 이 모든 것은 전해져 내려오는 전설이 되었지만 아침에 마시는 커피 한 잔의 기쁨으로 사람들은 행복하게 하루를 시작한다. 창문 위에는 기분 좋게 걷어 올린 어닝(따뜻하고, 햇빛으로부터 창문의 디스플레이를 지켜주는 덮개)이 따가운 햇살을 막아주고, 향기로운 커피 한 잔과 갓 구운 쿠키, 아름다운 고전음악과 함께하는 커피하우스는 힐링의 장소로 현대인이 잠깐 쉬어갈 수 있는 공간이다.

미국의 1890년대 식료품 및 커피숍(Museum in Michigan State)

## 1) 커피의 발전

전 세계적으로 커피는 최고의 무역상품으로 요구되었고 놀랍게도 커피 무역 교류의 총액은 석유 다음으로 많다. 또한 거대한 커피산업 발전을 일으키게 했고 그것의 증거로 커피에 종사한 사람이 20만 명이 넘는 것으로 알려져 있다. 커피는 미국의 가장 대표적인 아침 음료이다. 전 세계 커피생산의 1/3 이상이 미국으로 수출된다.

1870년대의 유명한 제조법은 인기 있는 아르베클레스 커피(arbuckles coffee)이다. 아르베클레스 커피는 1865년 아르베클레스 형제에 의해 조그마한 식료품 가게에서 시작되었다. 후에 커피 중계상이 되었고, 커피를 로스팅해서 1파운드씩 포장해서도 팔았다. 지금 생각하면 너무 당연한 아이디어이지만 처음으로 포장해서 커피를 판매한 회사이다. 그로 인하여 미국 서부의 커피시장을 장악하게 되었다. 그 전엔 생두를 사서 각 가정에서 로스팅 과정을 거쳐야만 커피를 즐길 수 있었기 때문에 그 당시에는 거의 혁명적이었다. 따뜻하게 볶아진 커피를 설탕과 달걀로 코팅하는 방법을 써서 향과 맛

Fnterprise Hand Store Mill, 1900

이 빠져 나가지 못하게 한 다음 포장하는 방식으로 특허를 낸 회사이기도 하다. 그런 참신한 아이디어로 사람들의 사랑을 독차지했고, 특히나 추운 겨울 서부의 전통적인 목장에서 커피를 쉽게 마실 수 있게 만들었기 때문에 카우보이들에게 전폭적인 지지를 받았다.

1900년대에는 로스팅해서 그라인딩한 커피를 아침의 일과처럼 마셨다. 5센트 시가와 5센트의 커피 한 잔은 물가상승률을 점유하면서 레스토랑과 식당에서까지 꾸준히 값을 올리고 있었다. 1976~1977년 브라질 대농장에 치명적인 서리가 내렸다. 그때부터 커피가격이 폭등하여 얼마나 오를지 알 수 없게 되었다.

## 2) 커피문화

제2차 세계대전에는 '커피 휴식(coffee break)' 시간이 생겨났다. 이 휴식시간이 생기면서 사람들은 커피를 마시며 일하는 동안에 기본적인 휴식시간을 가져야 하는 것으로 인식하게 되었다. 그리고 이것은 하루 일과의 일부분으로 자리잡으면서 전 세계로 퍼져나갔다. 커피의 주된 경쟁자는 아마도 차일 것이다. 그러나 17세기 영국에서는 커피하우스에 사람이 훨씬 많았고, 인기도 있었다.

1950년에는 사람들 사이에서  건강한 삶에 대한 붐이 커피하우스로 퍼져갔다. 제2차 세계대전 당시 영국에서는 차가 굳은 입지를 다지고 있었고 그들은 충분한 차를 얻을 수 없었다. 그리고 커피 마시는 중요한 기초요소인 커피의 본질과 차 사이에서 갈등이 생겨났다. 사람들은 커피는 식량으로는 중요한 역할을 하지 않는다고 생각했다. 해방 직후 미국인들은 유럽으로부터 영국인들이 미국에 커피를 지원해 줄 것을 요구했다. 그들이 요구한 커피는 승인되어 영국의 지원을 받을 수 있었다.

17세기로 돌아가서 커피가게는 남자들의 사업, 관심사 같은 것을 이야기하거나 토론하는 휴게소 같은 곳으로 이용되었다. 1668년 영국의 로이드(나중에 보험회사로 성장)는 에드워드 로이드라는 커피하우스를 운영하게 되었다. 긴 시간 동안 남자들은 커피하우스에서 이야기를 하고 시간을 많이 보내서, 여성들은 커피하우스를 싫어하였다. 그래서 여성들은 커피가 남자들의 생산력을 떨어뜨리게 만든다는 생각으로 뭉쳐서 새로운 단체를 설립하기도 하였다. 이런 남성과 여성 차별의 커피 반대 케이스는 이것뿐만 아니었다. 터키에서 한 여성이 법적으로 남편이 결혼생활 동안 정량의 커피를 주지 않으면 이혼하겠다는 일까지 있었다. 하지만 지금 우리가 사는 시대에는 많은 로맨스가 "즐거운 저녁에 커피 한 잔 하실까요?"라는 초대로 시작된다. 물론 커피의 자극적인 힘만큼 맛있는 맛이 명성을 더하였다.

세계 최고의 커피생산국인 브라질은 경제의 대부분이 커피 생산으로 이루어졌다. 브라질 사람들은 커피의 맛을 사랑하며 리오 거리에는 커피를 옮기는 차와 배달 차로 가득찼고, 목마른 직장인들은 커피 20잔을 매일 제조해서 마셨다. 아침에는 카페 라떼(cafe latte)라고 해서 커피 반, 우유 반으로 설탕을 조금 넣은 커피를 제조해서 마셨고, 나중에는 카푸치노(cappuccino)라고 해서 컵에 흑설탕을 바른 다음 검정 커피를 부어서 마시기도 했다. 날이 갈수록 커피와 음악은 함께 가는 요소가 되었다.

바흐(Bach)는 '커피 칸타타(coffee cantata)'라는 곡을 작곡하기도 했는데 이건 단지 커피를 칭찬하는 노래가 아니라, 여성들이 커피를 보잘것없다고 보는 것을 풍자하는 노래이기도 했다. 베토벤 역시 커피를 이용해서 작곡을 하였다. 그는 커피에 대한 특별한 작품은 없었지만, 60알의 원두를 매일 아침 마셨고 그것이 작품창작의 원동력이 되었다. 밥 딜런은 '커피 한 잔의 도로(One more cup of coffee for the road)'란 노래로 20세기 작곡자들도 바흐 못지않게 커피에 대해 열정을 표출했음을 알 수 있다.

사람들은  다양한 용기를 이용하여 커피를  마셨다. 벨기에인들은 두 잔의 커피가 들어갈 만한 양의 큰 컵에 카페 라떼를 아침에 마셨고, 라오스인들은 강하게 볶은 커피와 소량의 설탕을 끓여서 제조한 것에 우유를 혼합해서 조그만 잔에 넣어 마시는 것을 좋아했다. 리비아의 유목민들은 모래사막에서 화롯불로 커피를 조리하기도 하였다. 그들은 큰 골무같이 생긴 손잡이 없는 도자기 컵에  약한 커피를 추출하여 마셨다. 이탈리아인들은 작은 손잡이가 있는 도자기 컵에 유명한 에스프레소를 제조하였고, 거품이 가득찬 카푸치노도 즐겨 마셨다. 다양하고 매력 있는 커피들은 전 세계 커피 수집가와 감별사들에 의해 신속히 퍼져 나갔다.

여러분이 가장 좋아하는 커피는 무엇입니까? 어떤 커피를 어떤 장소에서 마셔야 최고의 커피가 됩니까? 이 모든 것의 답은 바로 진실의 맛, 정말로 느낄 수 있는 커피 맛이다. 많은 소매상인들이 마트나 슈퍼마켓에서 여러 종류의 커피로 엄청난 매출을 늘리고 있다. 여러 종류의 가게에서 여러분은 다양하게 블렌딩 된 커피들을 발견할 수 있다. 가장 좋아하는 커피를 선택하기 전 많은 종류의 커피에 도전하고 마셔봐야 한다.

## 2. 커피의 역사

커피란 무엇인가? 요즘과 같은 삭막하고 바쁜 일상에서 커피는 우리에게 짧은 시간이지만 꿈과 같은 휴식과 삶의 여유를 가져다주어, 맛과 향을 음미하며, 그 분위기를 느낄 때 나의 주변을 살필 수 있는 여유를 가질 수 있게 해주는 감성음료이다. 날씨가 흐려서 비가 내릴 때, 싸늘한 바람이 부는 가을저녁, 함박눈이 내리는 겨울 창가에서는 바리스타가 즉석에서 만들어준 따끈한 커피 한 잔이 심신을 맑게 해주고 마음의 여유를 가져다주는 인생의 윤활유 역할을 한다.

커피가 아라비아로부터 유럽에 전파되고 4백여 년이 흐른 지금 전 세계에서 커피를 마시지 않는 나라는 거의 없다. 이 세상에는 술, 차, 과일주스 등 수많은 종류의 음료가 있지만 오늘날 인류의 대표 음료를 꼽으라면 단연 물과 커피이다. 역사적으로는 술과 차 등이 오래되었지만 생명유지 목적이 아닌 기호음료를 치자면 단연 커피가 대표 음료이다. 세계 무역량으로도 1위가 석유이고 2위가 커피이다.

1723년에 만들어진 요한 세바스찬 바흐의 칸타타에서는 "아! 커피는 맛있는 것, 천 번의 키스보다 황홀하고, 마스카트 술보다 달콤하다. 커피-커피-커피는 멈출 수가 없다. 나에게 무언가를 주고 싶다면 내가 좋아하는 커피를 환영한다." 라고 노래를 불렀다. 베토벤의 아침식사는 한 잔에 60알의 원두를 넣어 분쇄한 커피뿐이었다는 이야기는 유명한 일화이다. 많은 사람들이 마시고 좋아하는 커피, 그렇지만 잘 모르는 커피에 대해 알아보도록 하겠다.

## 1) 커피의 기원

커피의 기원에 관한 여러 가지 설이 전해지는 가운데 역사가들에게 가장 많은 지지와 가장 로맨틱한 이야기인 염소지기 칼디의 이야기가 있다. 에티오피아 카파(Kaffa) 지방에 염소를 치는 목동 칼디라는 소년이 있었다. 염소를 몰고 풀을 먹이러 산기슭으로 나간 소년은 염소들이 춤을 추듯 활기차게 뛰어노는 것을 발견하고 그곳으로 가보니, 염소들이 나지막한 나무의 잎과 붉은 열매를 따 먹는 것을 발견하였다. 그는 맛을 본 후 자신도 신기하게 힘이 솟고, 활기차지며 정신이 맑아지는 것을 느끼게 되었다. 이 기적을 확신시키기 위해, 칼디는 대수도원으로 달려갔고, 거기서 이 흥분되는 이야기를 가죽 포대에 싸온 체리를 보여주며 수도원장에게 말하였다.

대수도원장은 그것을 보고 악마의 열매라며, 두려워하며 불 속으로 그것들을 던졌다. 그 순간 멋지고, 정취가 나는 향기가 공기 중으로 퍼져 나갔다. 그리고 그 순간 "아! 이것은 신의 선물"이라 확신했다. 대수도원장은 수도자들에게 신속히 갈퀴로 저 콩들을 걷어내라고 했다. 수도자들은 그 콩들을 불에서 빼내어 물에 넣었다. 그리고 수도원의 수도자들은 그 맛을 함께 음미할 수 있었다. 그때 수도자들은 커피의 체리껍질을 벗긴 후 가지고 다니면서 여행 중 그것들을 먹었다. 이것이 오리지널 테이크아웃 커피라고 말할 수도 있다. 그들은 맛을 본 후 신기하게 힘이 솟고, 활기차지게 되는 느낌을 받았다.

그 후, 100년이 지난 후에는 체리를 까서 커피를 추출하여 마셨다. 다음의 그림과 같이, 아랍인들이 최초로 커피를 뜨거운 물에 마시는 것을 발견하였고, 그 때부터 커피는 따뜻하게 마시는 음료가 되었다. 커피의 유명세는 놀랄 만큼 빠르게 펴져 나갔다.

아랍인들이 뜨거운 커피를 마시는 장면

아랍인들은 커피음료의 발견에 엄청난 자신감을 가지고 있었다. 그들은 그들만의 노하우를 지키려 하였다. 그러나 가까운 곳이나 멀리서 온 순례자들을 통해 그들의 유일한 커피 추출방법의 방어정책은 짧은 시간에 무너졌다. 많은 순례자들이 커피 맛을 체험해 보고, 그것들을 밀수해서 비옥한 땅에 커피나무를 심었다. 커피나무들은 넓은 지역에서 번창하기 시작했다. 아랍인들이 커피를 발견한 뒤 오래지 않아 먼 나라에까지 펴졌다. 이로써 아랍인들의 커피 독점은 사실상 깨졌다.

커피를 마시는 곳은 음악, 도박 그리고 편안하고 형식적이지 않은 환경을 지니고 있었다. 철학자, 정치인 그리고 무역상인들은 이곳에서 어떤 일에 관해 토론도 하고, 그것들에 관한 생각을 서로 교환하며 사교의 장소로 발전했다. 이런 인기는 통치자들을 당황스럽게 만들었다. 통치자들이 보기에는 커피하우스의 사람들은 그들이 정한 규칙에 반대해서 음모나 계략을 만들 것 같아 겁이 났다. 그 결과, 통치자들은 여러 번 커피하우스를 금지시키려 하였다. 그러나 그때마다 모두 쓸모없게 되었다. 커피하우스는 너무나 인기가 많아서 금지시킬 수가 없었다.

아라비아와 터키에서 항해사, 무역상인들은 커피를 마시고 또 자연스럽게 자기들 집에 가지고 갔다. 커피의 인기 상승으로, 커피는 사람들의 가정에까지 전해졌다. 그래서 유럽에는 맛있고, 새로운 음료인 커피가 전해졌다.

1615년 베네치아는 터키에 커피를 위탁하게 되었다. 커피는 금방 로마로 전해졌고, 이것은 성직자들에게 악마의 음료라는 비난을 받았다. 이 감정이 절정에달했을 무렵, 교황 클레멘트 8세는 추출된 커피 샘플을 받아서 커피를 분석하게 되었다. 분석 후 한 모금의 커피를 마시고, 커피에 매료된 교황은 황홀한 커피가 영원히 기독교 세계에서 추방하려 한 것이 얼마나 바보 같은 짓인지를 느꼈다. 교황의 승인하에, 이탈리아에서 커피의 입지는 확실해졌다. 이때가 유럽에 첫 번째 커피하우스가 생기기 약간 전이었다.

1637년 영국에서 처음으로 커피하우스가 언급되었는데, 이것은 제이콥이라는 터키에서 온 이스라엘 기업가로부터 옥스퍼드에 처음 전해졌다. 그리고 얼마 후 세인트 마이클 알리라는 곳에 파구아 로즈(Pasgua Rosee)라는 아르메니아에서 귀향한 사람에 의해 첫 번째 커피하우스가 생겨났다. 마침내 커피하우스는 대영제국의 많은  도시와 타운으로 번창해 나갔다.

커피하우스들은 원두의 향기로 쉽게 찾을 수 있는 것이 아니라 외벽에 걸려 있는 커피 간판으로 알 수 있었다. 예를 들면 터키의 주전자 또는 술탄의 머리 모양 같은 간판을 썼다. 특히 커피하우스는 번화한 곳이나 학생들이 많은 대학교 주변에 많았기 때문에 '1센트 대학교'라는 별명을 얻었다. 왜냐하면 커피 한 잔의 가격이 1센트였기 때문이다. 학생들은 그곳에서 책에서 얻을 수 있는 지식보다 더 많은 것을 얻었다. 이런 이야기들이 얼마나 진실된지 알 수는 없지만, 커피하우스는 학생들에게 인기 있었고, 최고의 만남의 장소로 400년 동안 지속되어 왔다.

17세기 말까지 모든 커피가 아라비아로부터 들어왔다. 아랍인들은 절대 커피 공급을 하지 않으려고 커피 씨앗들을 볶아서 커피를 옮겼다. 이 방법은 많은 양의 원두가 밖으로 나가는 것을 방지할 수 있었다. 자연히 외국인들은 커피 농장 방문이 금지되었고, 수많은 커피 강탈은 시도와 실패를 반복하였다. 네덜란드 스파이들은 마침내 이 커피식물 강탈에 성공하였고, 이것을 자바섬에서 재배하여 대성공을 거두었다. 이 무서운 아라비아의 커피 독점은 마침내 깨지고 말았다. 그때부터 네덜란드의 커피하우스는 번창하였고, 자유로이 유럽으로 공급되었다.

1723년 프랑스의 테클리에우라는 해군 장군이 파리를 떠나 있는 동안, 특별히 어렵게 구한 원두를 성공적으로 가져오기 위해 위험을 무릅쓰고 밀수를 하였다. 하지만 많은 사람들의 방해로 커피나무의 이동은 쉽지 않았다. 어떤 사람들은 커피나무에 악영향을 미치는 물을 뿌리기도 하고, 배가 해적들에게 납치되기도 하고, 큰 폭풍우를 만나기도 했었다. 이 모든 어려운 재앙들을 극복하고, 테클리에우는  커피나무를 홀로 마린니쿠에 심었고, 주변에 용감한 세 명의 보초병을 세워 놓고 커피농사를 시작하였다. 모든 농사는 잘되었고, 테클리에우의 노력은 높이 평가되었다. 그의 어려운 농사는 엄청나게 번창하여 두 배 정도로 늘어나서 1만 그루 이상의 커피나무를 섬에서 가꾸게 되었다.

1660년 네덜란드 영역의 뉴 암스테르담이라는 곳에 커피가 처음에 도착하였다. 4년 후, 영국이 뉴 암스테르담을 자기 영토로 확장하였고, 그곳의 이름을 뉴욕이라고 칭하였다. 이때부터 커피는 미국인들의 마음을 사로잡았고, 건강에 유익한 커피는 미국 전역으로 퍼지게 되었다. 뉴욕의 첫 번째 커피하우스는 런던에 있는 커피하우스를 토대로 만들어졌다. 실제로 미국의 커피하우스는 선술집 같은 느낌이었다. 그들은 방을 빌려주고, 식사, 와인, 차 등을 커피와 같이 팔았다. 커피하우스의 미팅 룸에서는 경매나 사업을 하기도 하였고, 남자들은 커피하우스에서 사업상 업무를 처리하였다. 초기에 뉴욕에서는 부자들만이 커피를 마실 수 있었다. 차는 그와 다르게 많은 일반인들에게 향과 맛 때문에 인기가 있었다. 그러나 이 모든 것은 1773년에 바뀌게 되었다. 영국의 왕 조지는 미국 식민지인들에게 차에 관한 세금을 강요하였고, 식민지인들은 세금정책에 강력하게 대응하며 반란을 일으켰다.

1773년 '보스턴 차 사건(Boston tea party)'이라고 하여 차 세금을 많이 강요하였고, 그로 인해 미국인들은 화가 났다. 이에 보스턴 시민들은 인디언 복장을 하고 영국 상인들의 배에 올라 차가 들어 있는 화물들을 바다로 집어 던졌다. 이것이 보스턴 차 사건이다. 이것은 미국인들이 커피와 깊은 인연을 맺게 되는 역사적으로 유명한 사건이다. 미국인들은 차의 음용이 매국이라 여기며 차 마시기 불매운동을 하였다. 그리고 얼마 지나지 않아, 커피는 미국인들의 음료수가 되었고 커피의 존재감은 현재까지 건재하다.

## 2) 커피의 어원과 원산지

### (1) 어원

커피는 카파(kaffa)라는 말에 어원을 두고 있다. 또 아라비아에서는 아랍어로 힘, 에너지를 뜻하는 카와(qahwah)라 부르기도 한다. 터키에서는 카베(kahveh)라고 불리었다. 16세기부터 동쪽으로 가게 되면서 유럽에 전파되어 영국과 프랑스에서 사용되던 명칭인 커피는 세계적인 언어가 되었다.

### (2) 원산지

커피나무의 원산지가 에티오피아임은 정설로 받아들여지고 있지만 지금처럼 마시는 음료로 발전한 곳은 아라비아 지역이다.

## 3) 커피의 전파

에티오피아의 커피나무를 가져와 아라비아 땅에 심게 되는데, 약 1500년경 아라비아반도 남단의 예멘 지역에서 대규모의 커피 경작이 처음으로 시작되었다고 알려져 있다. 그 당시만 해도 커피를 경작하는 나라가 드물었다.

예멘의 모카(Mocha)항은 커피의 주요 수출 항구였다. 커피 재배는 이슬람제국에 의해 철저히 독점 되었다. 이를 유지하기 위해 외부인이 커피농장을 방문하는 것도 금지되었으며 생두에 열을 가해 발아가 안 되도록 한 후 수출하였다고 한다.

유럽에 커피를 처음 전파한 사람은 의사이며 식물학자인 독일인 라우볼프(Leonhard Rauwolf)가 여행한 후 책에 커피 마시는 풍습과 효능에 대해 소개했다. 커피를 유럽에 소개한 것은 베니스 상인들에 의해서였다.

북아프리카 알제리의 카페(café in Algeria North Africa)

### (1) 네덜란드

커피가 유럽에 전해지고 얼마 지나지 않아, 커피하우스가 범람하고 커피 소비량이 급증하자 공급부족으로 품귀현상이 발생하였다. 커피의 상품가치가 높다고 판단한 커피 거래상들은 커피를 안정적으로 공급받을 수 있는 루트를 확보하기 위해 치열한 경쟁을 벌였는데 이 중 제일 먼저 주도권을 잡은 나라가 네덜란드였다.

17세기 초 유럽 국가들 사이에 불붙듯 번지기 시작한 제국주의 물결은 신세계의 발견과 문명의 보급이라는 그럴듯한 명분으로 미 대륙과 아시아, 아프리카를 식민지로 만들었다. 이때 네덜란드는 이슬람권에 스파이를 보내어 커피 종자를 빼돌리고 커피 재배에 적합한 곳을 물색했다. 그리고 17세기에 그들은 자바섬을 발견하고, 거기서 커피를 재배하였다. 이후 수마트라, 티모르 지역에도 커피농장을 조성했고 커피시장의 최강자로 부상하게 되며, 커피를 전 유럽으로 수출하여 엄청난 부를 얻었다.

네덜란드인들은 금갈색 커피의 기분 좋은 맛만큼, 돈의 가치도 있다는 것을 배웠다. 따라서 커피하우스는 네덜란드 타운과 도시로 퍼졌고, 오늘날에도 네덜란드 방문객들을 환영하고 있다. 이런 네덜란드인들의 커피에 대한 집착은 나중에 자신들이 먼저 차지한 북미지역의 기후에서는 커피를 키울 수 없다는 이유 때문에 영국의 식민지였던 남미의 수리남과 맞바꾼 것으로도 짐작할 수 있다.

## (2) 그리스 / 터키 커피

터키 커피는 고대 관습의 이브릭법에 의하여 만들어진다. 이 관습에 의하면, 커피는 손님에게 나가기 전 세 번을 끓여야 한다. 그리고 관습에 따라 나이가 가장 많은 사람과 제일 존경받는 사람부터 서빙을 하고, 가득찬 큰 컵을 싫어하는 사람에게는 예쁜 작은 컵에 주는데, 큰 컵 반 잔의 양이다. 이브릭 커피에서 주의할 점은 제대로 된 커피를 마시려면 끓인 커피를 가라앉힌 후에 마셔야 한다는 것이다.

터키 커피하우스(18세기 커피상인)

### (3) 이탈리아

터키에서 베니스의 상인들을 통해 유럽으로 들어오기 시작한 커피는 기독교 문화의 유럽인들 사이에서 처음에는 이교도의 음료로 알려져 있었다. 중세 모든 권력과 경제를 쥐고 있던 종교계 기득권층은 이 시커먼 물을 마시는 순간 영혼을 악마에게 빼앗긴다며 대중을 선동하였다. 급기야 교황 클레멘테 8세에게 탄원서를 올려 이 악마의 음료 음용 금지령을 내려달라고 청원했다. 하지만 직접 평가해 보기 위해 커피를 마셔본 교황은 오히려 황홀하고 신비한 맛에 반해 이렇게 좋은 것을 이교도들만 즐기게 할 수 없다며 직접 커피에 세례를 주어 그 죄를 씻고 개화시켜 기독교 음료로 지정했다. 이렇게 해서 커피는 숨을 돌리고 유럽에 안전하게 상륙하게 된 것이다.

커피를 유럽에 최초로 소개한 것은 베니스(Venice)인들에 의해서라고 알려져 있다. 이탈리아에서는 큰 컵에 담긴 카페 라떼를 아침에 마시는 사람들을 쉽게 볼 수 있다. 비슷한 시기에 그들에게는 또 다른 선택의 커피가 있었다. 물론 그것은 카푸치노였다. 카푸치노는 카퓨친 성당의 수도사들 모자모양과 비슷하다고 하여 생겨난 이름이다. 카푸치노는 에스프레소를 뜨거운 우유와 섞는다. 가끔씩 휘핑크림을 위에 뿌려서 마시기도 한다. 카푸치노가 어떤 방법으로 서빙되거나 그 위에는 시나몬이나 코코아 가루가 뿌려진다.

## (4) 프랑스

"누가 커피가 없는 프랑스인을 상상할 수 있겠는가?" 심지어 그들은 바 이름을 그들이 좋아하는 음료 이름으로 짓는다. 매일 아침 카페 라떼에 갓 구운 따끈따끈한 크라상을 커피에 찍어서 먹는 것이 프랑스인들의 관습이다. 늦은 아침에는 진한 블랙커피를 작은 찻잔에 마신다. 프랑스인은 드립방식으로 커피를 추출한다.

카페 플로리안(The Cafe Florian, 19세기)

프랑스도 커피 재배를 위해 많은 노력을 기울였으나 계속 실패를 거듭하다 1714년 마침내 네덜란드 암스테르담 시장과 프랑스왕인 루이 14세와의 조약에서 커피나무 한 그루가 전해졌다. 이를 파리 식물원에서 재배하여 커피가 자라게 된다.

한편 프랑스의 해군 장교 클리외(Gabriel Mathieu de Clieu)가 1723년 카

리브해에 있는 마르티니크(Martinique)섬에 커피를 처음 심었으며, 이후 카리브해와 중남미 지역에 커피가 전파되는 계기가 되었다.

1686년 파리에 최초의 근대식 카페인 프로코프(cafe de procope)가 프로코피오 콜텔리(Procopio dei Colteli)에 의해 문을 열었으며 현재까지 운영 중이다.

### (5) 영국

에드워드 로이드(Edward Lloyd's)에 의해 1688년 런던에 커피하우스를 열었는데 당시 선원들과 무역상들이 모여들어 항해일정 보험상담 등을 서로 주고받으면서 만남의 장소로 이용되어 점차 커피하우스로 발전하였다. 이는 오늘날 세계적인 로이드 보험회사로 발전하는 계기가 되었다. 그 후 커피하우스의 인기가 날로 좋아져 1715년 런던에서 2,000여 개의 커피하우스가 성업하게 된다.

전성기 때 영국의 커피하우스는 가끔씩 와인, 맥주, 버터, 갖가지 음료와 함께 맛을 보는 커피였다. 또 부자와 가난한 사람 모두 똑같이 좋아하는 음료였다.

1950년대 이태리에서 커피바가 정착하고, 투명한 유리잔에 거품 있는 커피를 팔기 시작하면서 커피 전성기가 다시 돌아오게 되었다. 몇몇의 사람들이 세계를 다니며 영국에 커피 필터를 전해주고, 커피 필터는 게으른 사람도 차보다 쉽게 커피를 만들 수 있게 해주었다.

17세기 영국의 커피하우스

런던의 커피마차(The London Coffee Stall)

### (6) 미국

미국은 영국의 식민지로 주로 차를 마셔왔으나 미국 독립의 계기가 된 보스턴 차 사건(Boston tea party)으로 커피는 더욱 빠른 속도로 미국에 확산되었다.

보스턴항에 던져지는 차(Throw British tea into Boston Habor, 1846)

이후 1668년 미국에 커피가 소개되었고 뉴욕, 필라델피아 같은 동부지역에 커피하우스가 문을 열게 되었다. 1691년 미국 최초의 커피숍 거트리지 커피하우스(gutteridge coffeehouse)가 보스턴에 문을 열었고, 커피, 차와 맥주를 같이 파는 바 같은 커피하우스가 생겼다. 1696년 뉴욕 최초의 커피숍 더 킹스 암스(the king's arms)가 문을 열게 된다.

에스프레소 기계는 밀라노의 아킬레 가지아(Achille Gaggia)에 의해 개발되었으며, 1950년대 초반 이탈리아와 유럽, 북아메리카 대륙으로 전파되었다.

미국인들의 아침식사(Coffee and fruit juice while reading the paper)

미국인들에게 최고의 발견인 커피는 미국인들의 현대 생활에서 빼놓을 수 없는 가장 중요한 음료이다. 미국 커피의 시작은 애국적인 상징으로 빠르게 퍼져 나가 나라 전체가 가장 좋아하는 음료수가 되었다.

커피 주전자는 골드러시(서부 개척시대)에 가장 필요한 부분이었고, 많은 카우보이들에겐 그들의 말만큼이나 절대 필요한 것이었다. 커피는 광대한 대륙을 가로질러 여러 가지 추출방법으로 마셔졌다. 그중 가장 좋아하는 추출방법은 뜨겁고, 약간 쓰게 추출하는 제조법인 여과기 추출법이었다.

미국에서 가장 오래된 라이언 커피공장(Lion Coffee Factory Circa, 1882)

## (7) 인도

인도에 커피를 처음 전한 사람은 인도로 성지 순례를 왔던 이슬람 승려 바바 부단(Baba Budan)이라고 전해진다. 그가 성지인 메카에 도착했을 때 말로만 듣던 커피라는 음료를 맛볼 수 있었고, 그 맛에 반한 바바 부단은 어렵게 구한 종자 일곱 개를 허리띠에 숨겨 무사히 인도로 건너온다. 종자는 5년 후 열매를 맺게 되고, 커피 묘목들이 후에 세계 곳곳으로 퍼지게 되었다. 바바 부단이 커피를 옮겨 심었다고 전해지는 인도 남부 마이소르(Mysore)산맥 지역은 따뜻한 기후에 높은 지형과 자연 나무 그늘이 어우러져 커피가 자라기에는 안성맞춤이었다고 한다.

우리는 인도가 차를 마시는 나라라고 생각한다. 취향에 따라 커피와 차를 마신다. 보편적으로 북쪽은 차를 마시고 남쪽은 커피를 마신다. 남쪽지방에서는 가늘게 분쇄한 원두로 커피를 추출한 후 설탕과 물을 넣고 익을 때까지 조리한다. 마지막으로 거기에 우유를 넣으면 커피가 완성된다.

커피만 마시기도 하고, 채식주의자들의 식사에 보완하는 보충제로 마시기도 한다. 인도 남쪽지방의 가장 주된 식사는 바로 점심식사인데, 커피는 점심식사에 곁들여진다. 이 지역에서는 다른 세계에서 보통 티 타임으로 알고 있는 시간을 커피 타임으로 알고 있고, 커피를 마실 때마다 맛 좋은 스낵을 같이 먹는다.

## (8) 브라질

브라질에 커피가 들어오게 된 것은 브라질의 프란치스코 드 멜로 팔헤타

(Francisco de Melo Palheta) 대령을 커피가 재배되던 프랑스와 네덜란드 식민지들이 있던 가이아나로 파견하면서부터이다. 국경분쟁을 협의한다는 이유였지만 실제로는 커피나무를 브라질로 빼오는 것이 목적이었다. 대령은 프랑스 총독의 부인에게 접근하여 마음을 빼앗고 커피나무를 보며 영원히 부인을 사모하겠노라는 달콤한 말로 저녁 만찬장에서 연정의 표시로 남몰래 커피 싹이 둘러진 꽃다발을 받아서 브라질에서 커피를 재배하게 되었다.

오늘날 세계 제1의 커피대국이 된 브라질 커피 역사의 시초가 된 것이다. 1800년경에는 커피수확량이 엄청나게 늘어나 부유층의 전유물이던 커피가 모든 사람들이 매일 마실 수 있는 음료가 되었다.

### (9) 모로코

카와(Quahwa)는 터키식 스타일 제조법으로 만들어졌다. 터키식 제조법은 강하고 달콤하다. 모로코인들은 종종 커피에 불같이 매운 고추콘과 소금을 넣어서 커피의 맛을 좀 더 나게 한다. 이것은 후천적인 맛은 나나 커피 자체의 맛을 감소시킨다.

### (10) 러시아

러시아인들의 커피는 현대 개혁과 관련이 있으며, 사모바르(samovar)라는 찻주전자를 사용한다. 그들은 차 마시는 방법과 똑같이 커피를 마시는데 자른 레몬조각과 함께 마신다.

### (11) 일본

일본은 세계 최고 커피(kohii)라고 여기는 자메이카 블루마운틴 커피를 세계에서 가장 많이 수입하는 나라이다. 비록 일본 커피가게에서 커피 한 잔은 비싸다고 생각할 수도 있지만, 그 맛은 잊을 수 없을 것이다. 특성화된 골목골목의 조그만 가게에서 사이폰과 핸드드립으로 여러 가지 예쁘고 맛있는 쿠키와 빵을 함께 판매한다.

### (12) 핀란드

핀란드인들은 세계적으로 커피를 가장 많이 소비하는 국가로 평판이 나 있다. 1인당 5컵의 커피를 매일 소비한다. 그것은 정말 엄청난 양의 커피이다. 본질적으로 사교적인 성향을 가진 핀란드인들은 항상 달콤한 음식과 함께 커피 파티를 즐긴다. 복고 스타일의 핀란드인들은 색다른 커피 조리법을 가지고 있다.

넓은 주둥이의 항아리(jug)를 준비하여 항아리에 한 조각의 생선 껍질을 담는다. 생선은 커피를 맑게 해주고, 안정시켜 준다. 서빙하기 전, 커피에서 생선 껍질을 없애고, 커피를 주전자로 옮긴 후 크림, 우유와 설탕을 평소 하는 방법대로 넣어 마신다.

### (13) 독일

'커피와 쿠첸(독일식 과자)을 같이 먹으면 얼마나 맛있을까?' 프레데릭(Frederick) 시절부터 평민들은 커피 즐기는 것을 금지시켰고, 부르주아(bourgeois) 여성들은 오후에 마시는 커피(kaffee klatsch)라는 시간을 매일 가지면서, 늦은 시간까지 수다

를 떨었다. 오후의 커피 풍습은 요즘까지 계속되고 있다.

독일인들이 오후의 커피와 함께 먹는 것은 슈바르츠발트 토르테(Schwartzwald torte) 페스트리이다. 독일 커피는 대부분 드립방식의 추출법을 쓰며, 거기에 고체 우유와 통조림으로 된 크림을 첨가해서 내기도 한다.

### (14) 우리나라

1896년 아관파천으로 고종 황제가 러시아 공관으로 거처를 옮겨 그곳에 머물 때 러시아 공사 베베르가 커피를 권했다고 전해진다. 러시아 공관에서 커피를 즐기게 된 고종은 환궁 후 덕수궁에 정관헌(靜觀軒)이라는 서양식 건물을 짓고 그곳에서 커피를 즐겼다고 한다. 당시 커피를 서양에서 들어온 국물이라 하여 '양탕국'이라 불렀다고 한다.

그 후 손탁(Sontag)이라는 독일계 러시아 여성이 1902년 손탁 호텔(Sontag hotel)을 건립했는데 우리나라 최초의 커피하우스로 알려져 있다. 러시아를 통해 커피가 들어온 것과 함께 일본을 통해 들어온 커피도 중요한 경로이다. 6·25전쟁으로 한국에 주둔하게 된 미군의 군수 보급품을 통해 인스턴트커피가 시중에 유통되면서 일반인도 커피를 접하게 되었으며 이로 인해 우리나라는 인스턴트커피의 소비가 기형적으로 높은 나라가 되는 계기가 되었다.

고종황제

정관헌

제2장

# 커피 품종

## 1. 커피 식물학

### 1) 커피나무와 꽃

커피 새싹

커피나무

커피는 꼭두서니(rubiaceae)과에 속하는 상록관목으로서 다년생 쌍떡잎식물이다. 커피나무는 2년이 지나면 키가 1.5~2m까지 자라며 흰색 재스민 향을 가진 꽃이 핀다. 약 3년이 지나면 커피나무는 완전히 성숙하여 열매를 수확할 수 있다.

커피나무는 하루 두세 시간 정도의 강한 햇빛, 햇빛을 가릴 수 있는 키 큰 나무, 적당히 큰 일교차, 촉촉한 토양이 필요하다. 화산재가 덮여 있는 배수가 잘되는 고지대의 토양일수록 좋다. 우기와 건기의 구별이 있어야 좋고 집중호우와 강한 바람은 좋지 않다. 서리가 내리지 않는 고지대일수록 좋다. 서리는 커피나무에 치명적인 적이다. 고지대이지만 서리가 없고 일교차는 커야 한다. 일교차가 클수록 커피열매는 단단하게 숙성되며 생두의 밀도도 높고 깊은 향과 맛을 지니게 된다.

### 모카의 5가지 의미

- 커피라는 의미 - 옛날 모카항구의 전성시절, 모든 커피는 모카항을 통해 수출되었고, 당시의 커피는 종류가 많지 않아 모든 커피를 그냥 모카라고 불렀다.
- 예멘에 있는 커피항구 이름
- 예멘과 에티오피아에서 생산되는 커피이름
- Cafe Mocha - 초콜릿이 들어간 커피
- Mocha Pot - 가정용 에스프레소 추출기구

커피열매

## 2) 열매(체리)

커피꽃이 떨어지면 그곳에 열매가 맺힌다. 열매는 초기에는 녹색이었다가 점차 익으면서 빨간색으로 변하는데 이것을 체리(cherry) 또는 커피체리(coffee cherry)라고 한다.

아라비카종의 크기는 12~18mm, 카네포라종은 8~16mm 정도이다. 꽃이 핀 후 열매가 익는 기간은 아라비카종은 6~9개월, 카네포라종은 9~11개월 정도이다.

덜 익은 체리

익은 체리

## 3) 커피열매의 구조

약 1.5cm 크기인 커피체리의 바깥쪽 껍질(외과피)은 안쪽에는 끈적끈적하고 달콤한 점액질(mucilage)이 있는 과육(pulp), 파치먼트, 실버스킨(siver skin)이 마주보는 두 개의 생두(green bean)를 감싸고 있다.

일반적으로 커피열매는 체리 안에 두 개의 콩을 가지고 있으나 두 개 중 하나가 자라지 못하게 되어 생두가 한 개만 있는 것을 피베리(peaberry)라 한다. 체리 안에 한 개만 자라므로 일반콩과 달리 크기는 작으며 신맛이 강한 특징이 있다.

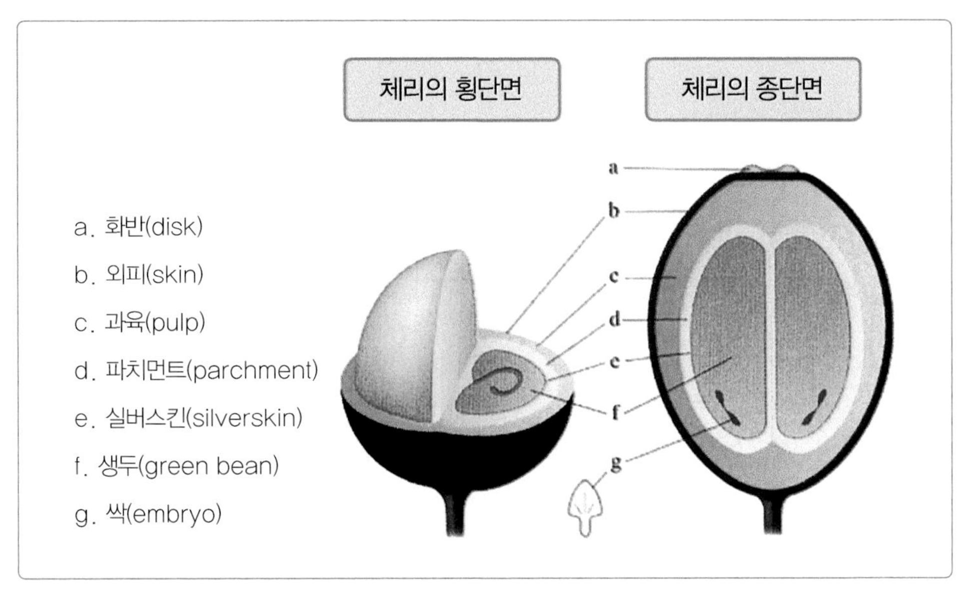


체리의 구조

아라비카 커피콩과 커피나무

# 2. 커피 품종의 분류

아라비카종 생두(左)와 로부스타종 생두(右)

## 1) 아라비카종

아라비카종(coffee arabica : arabian coffee)은 동부 아프리카의 에티오피아가 원산지이며, 이 종자는 수세기 동안 재배되어 왔다. 병충해에는 약한 반면 미각적으로 대단히 우수하다. 성장속도가 느린 것이 단점이나 향미가 풍부하고 카페인 함유량이 로부스타종보다 적다. 현재 전 세계 산출량의 약 70%를 점유한다.

열대, 아열대의 고지대(800~2,000m)에서 주로 재배되며 평균기온 20℃,

연강수량 1,500~1,600mm, 유기질이 풍부한 화산성 토양, 적당한 일교차가 있는 곳에서 잘 자란다. 로부스타에 비해 재배조건이 까다롭고 질병에 취약하다. 카페인 함량은 로부스타보다 적다.

### (1) 타이피카(typica)

하와이 코나

자메이카 블루마운틴

아라비카 원종에 가장 가까운 품종으로 녹병에 약하고 생산성이 매우 낮아 많이 재배되지 않으며 가격이 비싼 편이다. 상큼한 레몬 향, 꽃 향을 느낄 수 있고 달콤한 뒷맛이 있다. 질병과 해충에 약하고 생두의 모양은 가늘고 끝이 뾰족한 타원형이다.

### (2) 버번(bourbon)

예멘에서 채취되어 프랑스의 레이농(Reunion)섬에 이식한 데서 유래한 품종이다. 커피의 품질은 뛰어난 편이나 커피 질병에 취약하며 콩은 타이피카에 비해 상대적으로 작고 둥글고 단단한 편이다. 센터 컷은 S자형이다. 타이피카(typica)의 돌연변이이며 중남미, 브라질, 케냐(SL28), 탄자니아 등지에서 주로 재배되고 있다.

### (3) 카투라(caturra)

1937년 브라질에서 발견되었다. 버번의 돌연변이종으로 콩의 크기는 작으며 신맛과 약간의 떫은맛을 지니고 있다. 어떤 환경에서도 잘 자라 생산성은 높으나 커피의 질병이나 해충에는 약하다. 모양은 버번과 닮았으며 삼각형에 가까운 모양으로 작고 단단하다.

### (4) 카티모르(catimor)

1950년 포르투갈에서 재배하는 아라비카의 카투라와 로부스타의 교배종으로 녹병에 강하고  중간 고도에서 잘 자라며 조기 수확이 가능하고 생산성이 높다.

### (5) 몬도 노보(mondo novo)

1931년 브라질 상파울루 지역에서 발견된 버번(bourbon)과 타이피카 계열의 수마트라(sumatra)의 자연교배종이다. 콩의 크기는 다양하며 신맛과 쓴맛의 조화가 좋아 이 품종이 처음 나왔을 때, 장래성을 기대하여 몬도 노보(신세계라는 뜻)라는 이름이 붙여졌다.

### (6) 카투아이(catuai)

몬도 노보와 카투라의 인공 교배종인 카투아이(catuai)는 브라질 원주민어로 '매우 좋다(very good)'라는 뜻이라고 한다. 1949년에 개발된 브라질 재배면적의 50%를 차지하는 주요 품종으로 몬도 노보에 비해 맛이 단조롭고 감칠맛이 약하다. 카투라의 왜소종 특성을 갖고 있으나 견고성과 생장력(Vigor)은 몬도 노보의 특성을 물려받았다.

강풍에 강하고 강한 비바람에도 체리가 잘 떨어지지 않지만 커피 질병과 해충에 취약하다. 매년 생산이 가능하여 생산성은 높으나 생산기간이 다른 품종에 비해 10여 년 정도 짧은 것이 단점이며 집중적인 관리가 필요하다. 체리가 노란색인 열매를 카투아이 아마렐로(catuai amarello), 붉은색 열매를 카투아이 베르멜호(catuai vermelho)라고 한다.

### (7) 마라고지페(maragogype)

타이피카의 변종으로 브라질에서 자연적으로 나타난 돌연변이로 마라고지페(Maragogype) 도시에서 발견되었다. 일반적인 생두에 비해 비정상적으로 크며 코끼리 빈(elephant bean)으로 불린다. 마라고지페의 변종으로 파카마라(pacamara)종과 게이샤(geisya)종이 인기가 있다. 게이샤종은 에티오피아에서 발견된 마라고지페의 혼합종으로 콩은 가늘고 길다.

마라고지페 체리

마라고지페콩과 일반콩

### (8) 켄트(kent)

인도의 고유 품종으로 생산성이 높으며 단기에 다수확이 가능하다. 병충해에 강한 품종으로 특히 커피녹병에 강하다. 타이피카와 타 품종의 교배종이라는 설이 있다. 아프리카 동부지역에 켄트종을 이식하여 재배하였으나 자연환경 적응에 실패하였으며 기존 품종의 품질도 떨어뜨리는 결과를 초래하였다.

## 2) 카네포라(coffee canephora : robusta)

아프리카의 콩고에서 유래하였으며 무덥고 습도가 높은 열대지역의 저지대에서 잘 자란다. 특히 동남아시아 지역의 저지대에서 재배되고 있다. 아라비카종은 카페인의 함유량이 1.5% 전후인데 로부스타종은 3%로 카페인의 함량이 두 배 더 높다.

생두의 모양은 둥글며 강한 쓴맛과 독특한 향을 가지고 있다. 어떤 토양에서도 재배가 가능하며 질병에 강하다. 고형성분도 아라비카에 비해 더 많이 함유되어 있다. 이런 특성으로 인해 주로 인스턴트커피 제조용으로 많이 사용된다.

## 3) 리베리카(coffee liberica)

서아프리카의 리베리아가 원산지이고 수확량도 적으며 현재는 서아프리카 지역과 아시아 일부지역에서 적은 양이 생산되고 있다.

아라비카와 로부스타 특성의 비교표

| 분류 | 아라비카(arabica) | 로부스타(robusta) |
|---|---|---|
| 원산지 | 에티오피아 | 콩고 |
| 유전자 | 염색체 수 44개(2n=44) | 염색체 수 22개(2n=22) |
| 적정 재배고도 | 800~2,000m | 700m 이하 |
| 적정 강수량 | 1,500~2,000m | 2,000~3,000mm |
| 병충해 | 약함 | 강함 |
| 생두 | 평평하다(flat) | 둥글다(oval) |
| 체리 숙성기간 | 6~9개월 | 9~11개월 |
| 소비 | 원두커피용 | 인스턴트커피용 |

### 품종개량의 목적

- 다수확을 위해서
- 병에 강한 품종을 개발하기 위해서
- 조기수확을 위하여
- 미각의 우수성을 위하여

C o f f e e   B a r i s t a

# 제3장

# 커피 재배

## 1. 재배환경

커피가 자라고 열매를 맺는 데 가장 이상적인 연간 강우량은 1,500~2,000mm 이다. 만일 1,000mm 이하이면 커피 재배를 할 수가 없다. 우기와 반대로 건기가 되면 나무에서 수분이 증발한다. 그래서 커피나무의 습도를 알맞게 유지하려면 태양 아래 직접 장시간 노출되지 않는 경사지역이나 그늘에 심는다. 이때 그늘을 만들어주기 위해 줄기가 크고 잎이 넓어 우산 모양을 형성하는 나무를 심어둔다.

이는 또한 차가운 공기와 흰서리로부터 커피나무를 보호하는 데도 효과적이다. 단 이때 태양열이 부족하면 그만큼 열매의 수확량이 줄어들 수 있으므로 각별한 주의가 필요하다. 최근에는 바람도 커피의 수확량에 영향을 주는 것으로 밝혀졌는데, 이는 아직 어린나무일 때는 가지들이 연약하여 조금 센 바람에도 쉽게 손상을 입기 때문이다. 커피가 자라는 데는 땅이 비옥해야 함은 물론 배수가 잘 되어야 한다.

## 1) 기후

강우량, 일조량, 기온 등의 환경적 요인들은 커피나무의 성장과 맛에 영향을 준다. 연간 평균기온은 아라비카종의 경우 18~22℃, 카네포라종의 경우는 22~28℃ 정도가 적합하다. 일조량은 적당하게 필요하지만 아라비카종은 강한 일사나 폭염에 약하기 때문에 어떤 조건이라도 일중 서리가 내리지 않는 지형과 밤과 낮의 기온차가 큰 지형이 좋다. 환경적응력이 좋은 로부스타는 낮은 지형에서도 잘 자란다.

## 2) 강우량

연중강우량은 아라비카의 경우 1,400~2,000mm 정도, 로부스타종의 경우 2,000~2,500mm 정도이다.

## 3) 토양

커피나무의 토양은 커피의 풍미에 영향을 미친다. 커피 재배에 적절한 토양은 어느 정도의 습기가 있는 화산성토양의 충적토가 좋다. 아라비카종은 비옥한 토양에서 잘 자라고, 로부스타종은 어떤 토양에서도 잘 자란다.

산성이 강한 토양에서 생산된 커피는 신맛이 강하다. 또 브라질의 리우데 자네이루 주변의 토양은 요오드향이 강하고 수확할 때 과실을 흩어놓기 때문에 독특한 향이 난다.

### 4) 햇빛

커피열매의 수확을 위해서는 적당량의 일조량은 필요하나 강한 햇빛과 열에 약하므로 이를 막기 위해 셰이드 트리(shade tree)를 함께 심어 그늘을 만들어주기도 한다.

## 2. 씨앗 심기

커피는 일반적으로 파치먼트 상태에서 심어야 하며 파치먼트를 반쪽만 심고 그 위에 짚으로 덮는다. 파종할 씨앗은 질병의 위험이 없는 지역으로 선택해야 하며 체리가 완전히 익었을 때 선택해야 하고, 수확의 끝 무렵에 수확된 체리는 사용하면 안 된다.

1~2일이 지나면 씨눈이 나오는데 이때 묘목용 화분으로 옮겨심기를 한다. 옮겨심기를 하고 난 후 떡잎이 나오면 이때 짚으로 된 그늘막을 덮어준다. 4~5개월 후 묘목으로 성장하면 농장으로 이식한다. 이식 후 처음 며칠은 그늘막을 만들어 직사광선을 막아주어야 한다. 한 달 정도 지나 자라지 않는 묘목은 제거하고 다른 묘목으로 대체해 주어야 한다. 커피나무는 심은 지 2년 정도가 되면 2m 정도로 성장하여 첫 번째 꽃을 피우게 되며 3년 정도가 지나면 수확이 가능 하다. 커피나무의 생장기간은 20년 정도이다.

## 3. 개화

나무를 심은 지 2~3년 후면 꽃봉오리가 생긴다. 커피꽃은 하얀색으로 다섯 잎의 꽃으로 재스민과 비슷한 향이 난다. 꽃이 시든 후 4~5일이 지나면 떨어진 자리에서 열매가 자란다.

커피꽃(하와이)

# 4. 열매

아라비카종은 자가수분(90~95%), 로부스타종은 타가수분(바람, 곤충)으로 수정 후 6~8개월이 지나면 완전히 빨갛게 성숙된다. 열매는 모양이나 색깔이 체리를 닮았다고 하여 커피체리(coffee cherry)라고 한다. 커피는 격년별로 수확량에 큰 차이를 보이는데 그 폭은 5~10배까지 차이가 난다.

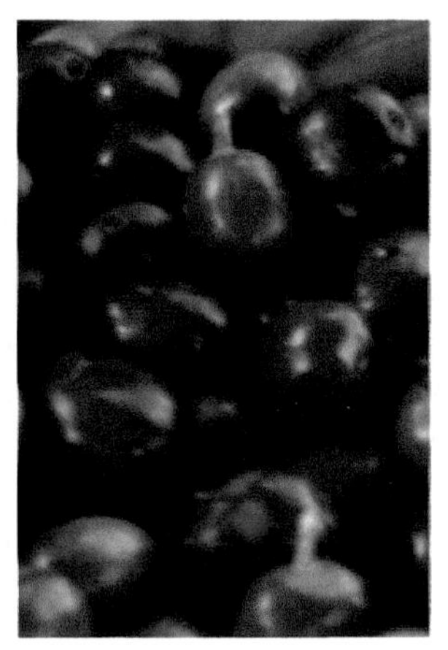

커피열매

# Coffee Barista

제4장

# 커피의 수확과 가공

# 1. 커피 수확

체리가 다 익으면 수확기가 시작되는데, 수확하는 방식은 농장의 상황에 따라 아래와 같이 분류된다.

첫째, 핸드 피킹(hand-picking)
둘째, 스트리핑(stripping)
셋째, 메커니컬 피킹(mechanical picking)

수확이 끝나면 불순물을 제거해야 한다. 체리와 같이 떨어져 나온 나뭇가지, 잎사귀 등을 제거해야 한다. 커다란 체에 체리를 올려놓고 키질을 하며 제거하는데, 매우 고되고 힘든 과정 중 하나이다.

## 1) 핸드 피킹(hand-picking)

핸드 피킹은 잘 익은 것을 선별하는 것으로, 사람이 손으로 직접 골라서 따는 방식이다. 보통 수확하는 사람들이 허리에 바구니를 차고 잘 익은 체리만 따서 넣는다. 수확한 체리에 바람이 잘 통할 수 있도록 바구니는 대부분 나무로 엮어서 만든다. 또 다른 방법으로, 나무 밑에 커다란 천을 깔아 놓고 익은 체리를 따서 떨어뜨린 후 한꺼번에 수거하기도 한다. 안 익은 체리는 남겨두었다가 다 익으면 따는데, 보통 1주일 간격으로 작업이 이루어진다. 이 기간 중에는 남녀노소 할 것 없이 농장의 인력은 모두 동원되고, 손이 모자랄 경우 사람을 따로 고용하여 수확하기도 한다. 인부가 잘 익은 체리만을 일일이 손으로 골라 따는 방식으로 익은 것만을 선별적으로 수확하므로 커피 품질은 우수하나 여러 번 수확해야 하므로 비용이 많이 든다. 노동력 손실과 인건비가 많이 든다는 단점이 있지만, 다 익은 체리만 선별하여 수확하기 때문에 고품질의 커피를 생산할 수 있다.

핸드 피커(Hand Picker)

체리 선별(Hand Sorting)

## 2) 스트리핑(stripping)

스트리핑은 손으로 수확하기는 하나 체리를 하나씩 따는 것이 아니라 가지 전체를 훑어내는 방식이다. 따라서 체리와 함께 잎사귀, 나뭇가지들도 떨어져 나오게 된다. 보통 나무 밑에 천을 깔아 놓고 떨어진 체리를 한꺼번에 수거한다. 핸드피킹에 비해서는 손이 덜 가지만, 익지 않은 체리도 함께 수확하기 때문에 커피 맛에 안 좋은 영향을 줄 수 있다.

## 3) 메커니컬 피킹(mechanical picking)

메커니컬 피킹은 기계를 이용하여 수확하는 방식으로, 기계는 커피나무 전체를 감쌀 수 있을 정도의 크기로, 높이 2.5m, 폭 1.5m 정도이다. 일반적으로 기계와 수확된 체리를 담을 수 있는 컨테이너가 한 조를 이루어 같이 움직인다. 먼저 기계에 달려 있는 수십 개의 봉들이 나뭇가지를 털어주면, 체리가 자동적으로 수확되어 기계의 일부인 관을 타고 컨테이너에 담기게 된다.

보통 브라질의 대규모 농장에서 많이 사용하는데, 사람 손으로 일일이 수확하기 어렵기 때문이다. 수확은 한 가지에 열려 있는 체리가 약 70% 정도 익었을 때 시작된다. 노동력 손실이 적기는 하나, 스트리핑과 마찬가지로 안 익은 체리들까지 한꺼번에 수확되어 커피 맛에 부정적인 영향을 미치기도 한다.

기계 수확은 브라질같이 넓은 지역이나 하와이같이 노동력이 부족하거나 임금이 비싼 지역에서 주로 시행되고 있다. 또한 대량의 수확물을 수확하기 때문에 수확물을 처리하기 위한 대규모의 시설이 필요하다. 처리 건조 등 고가의 기계를 구입하는 데 돈이 많이 든다.

하와이 농장의 기계 수확

## 2. 커피의 가공 및 건조

### 1) 가공과정(processing)

가공이란 체리에서 생두를 분리해 내는 것을 뜻한다. 커피체리에서 생두가 되기까지의 가공공정을 '정제'라고 한다. 이 공정을 이해하면 커피의 향미를 이해하는 데 많은 도움이 된다. 커피체리를 수확한 뒤 바로 처리하지 않으면 금세 발효되어 커피의 향미에 영향을 주기 때문에 수확한 후에는 곧바로 가공하여 생두의 저장과 수송에 용이하도록 해야 한다.

정제방식은 산지의 환경에 맞게 다양하게 개발되었는데, 크게 건식법(dry method)과 습식법(wet method)으로 구별된다. 지역적인 여건 즉 습도, 일조량, 물 공급 여부 등에 따라 결정되며 농장의 규모에 따라 동일한 방식이라도 차이가 있다.

풍부한 노동력을 이용하여 전통적 방식으로 처리하는 곳도 있고 현대화된 시설과 장비를 이용하여 대규모로 처리하는 곳도 있다. 따라서 처리방식은 일률적이지 않으며 지역에 따라 차이를 보일 수밖에 없다.

최근에는 물의 소비를 최대한 줄여 환경 피해를 줄일 수 있는 친환경적 기법(ecological processing)을 많이 사용하는 경향이다. 커피의 가공과정은 방법에 따라 과정별로 차이를 보이는데 가공과정은 커피 품질에 중대한 영향을 미치며 가공방식에 따라 맛과 향이 큰 차이를 보이게 된다.

### (1) 건식법

옛날부터 전해져 오는 방법으로 물의 공급이 어려운 브라질의 대부분 지역과 인도네시아, 에티오피아, 예멘 등의 소규모 농원에서 사용된다. 주로 로부스타종에 많이 사용된다. 체리를 수확한 후 펄프를 제거하지 않고 체리를 그대로 건조시키는 방법으로 물이 부족하고 햇빛이 좋은 지역에서 주로 이용하는 전통적인 방법으로 이물질 제거-분리-건조의 세 과정으로 구분된다.

건식법으로 생산된 커피를 내추럴 커피라 한다. 수확한 과실을 건조장에 평평하게 펼치고 수분이 20% 이하로 될 때까지 햇볕에 건조한다. 건조일수는 체리가 익은 정도에 따라 다르고, 완숙된 검은색의 과실은 1~3일, 붉은 과실은 5~6일, 미숙의 녹색 과실은 1~2주간을 필요로 한다.

건조를 촉진시키고, 균일하게 건조되도록 하며, 건조과정 중 발효를 방지하기 위하여 매일 여러 번 뒤집어주어야 하며, 야간에는 습기를 피하기 위하여 동일 장소에 모아서 시트를 이용하여 덮어주어야 한다. 일광 건조에서는 기후의 영향을 받기 쉽기 때문에 50℃의 열풍에서 약 3일간 건조하는 기계건조도 함께 진행된다. 건과를 정제공장에서 탈곡기를 이용하여 과육을 제거하는 탈곡과정을 거치면 생두가 된다.

이와 같은 과정을 요약하면, 생두를 수분 12~13%까지 건조하여, 생두를 크기별로 나누고 사람 손이나 선별기에서 이물질이나 변색된 불량 생두를 제거하는 선별과정을 거친 후 각 생산국별로 품질검사 및 등급기준에 의해 규격을 지어 보통 60kg의 마대에 포장한다.

건식방법

① 자연건조방식(natural coffee)

가장 전통적인 가공방식이다. 세계에서 제일 처음 커피 재배를 시작한 예멘에서는 커피열매를 따지 않고 햇볕에서 계속 건조시킨 후 수분이 다 날아가면 그때 일률적으로 수확하는 방법을 사용했다고 한다.

현재도 예멘과 에티오피아의 일부 지역에서 계속 사용되고 있다고는 하나, 대부분은 체리를 수확하여 물로 가볍게 세척한 후 콘크리트나 벽돌로 된 넓은 땅에 펼쳐 놓고 말린다. 농장에 따라서는 나무로 직사각형의 긴 틀을 만들고 네 모서리에 그물을 걸어 땅과 약 1m 정도의 높이를 유지시킨 후 그 위에 놓고 말리기도 한다.

케냐의 자연건조방식

건조기간 중에 특별히 주의를 기울여야 하는 것은 규칙적인 써레질이다. 농장마다 나무로 만들어진 전용 기구가 따로 있는데, 이것을 이용하여 밑에 있는 체리는 위로, 위에 있는 체리는 밑으로 써레질해 주어야 한다. 균일하게 건조하는 것은 매우 중요하다. 제대로 건조되지 않은 체리의 경우 썩거나 부분적으로 곰팡이가 생겨 커피 맛에 악영향을 미치기 때문이다. 다른 하나는 비나 새벽이슬을 직접 맞지 않도록 보호하는 것이다. 건조 중인 체리가 비를 맞게 되면 곰팡이가 생기고 역시 피해를 입게 되기 때문이다. 건조는 수분 함유량이 약 11~13% 될 때까지 하는데, 보통 5~10일 정도가 소요된다. 수분이 11~13%까지 감소하게 되면 크기는 많이 줄고 껍질은 딱딱해지며 진한 갈색을 띠게 된다.

자연건조방식을 채택하는 국가는 브라질, 에티오피아, 인도네시아, 케냐 등으로, 물이 부족하거나 햇볕이 좋은 지역이 대부분이다. 커피에서 생산지 토양의 질감을 느낄 수 있고, 체리의 과육이 생두에 흡수되어 달콤한 맛이 더 느껴지며, 보디(body)가 풍부한 것이 특징이다. 브라질의 경우, 건조기간 동안 수분 측정계를 이용하여 체리 내의 수분을 규칙적으로 측정한다. 한편 대규모 농장의 경우에는 건조기계를 이용해 말리기도 한다.

② 펄프드 내추럴 방식(pulped natural coffee)

브라질에서 많이 사용하는 방식이다. 수확 후 체리를 물에 가볍게 씻고 껍질을 파치먼트로부터 분리시킨다. 과육이 남아 있는 파치먼트를 넓은 땅이나 그물망에 올려 두고 수분이 11~13%가 될 때까지 말린다. 건식법과 습식법의 중간적인 형태인데, 세미 워시드 방식과의 차이는 과육이 파치먼트에 붙어 있는 상태에서 건조한다는 것이다. 자연건조방식으로 가공된 커피보다는 보디나 단맛이 덜하지만 경쾌하면서도 향이 풍부한 커피를 얻을 수 있다는 장점이 있다.

### (2) 습식법

브라질 이외의 물이 풍부한 중남미에서 아라비카종에 이용되며, 외관이 좋고 품질도 균일한 상품가치가 높은 생두가 얻어진다. 수확한 과실을 수조에 약 24시간 침수시키고, 수면으로 뜨는 미숙과를 제거한다. 침전된 완숙과는 과육제거기(pulper)에서 외피와 과육을 제거한 후, 발효조에 보내어 24~34시간 동안 발효시켜 남은 과육과 점질물을 분해한다.

이 발효 처리과정은 생두의 품질에 많은 영향을 미치기 때문에 수중에 가라앉는다. 처음에는 점질 중에 펙틴 분해효소와 증식된 효모의 펙틴 분해효소의 작용으로 펙틴질이 분해되어 이른바 효소제를 첨가하는 경우도 있다. 그 후 세균에 의한 발효로 인하여 주로 신맛과 소량의 프로피아닉 애시드가 생산되어 pH가 3.8~4로 저하된다. 장시간 발효가 계속되면 이상발효에 의하여 냄새 및 변색된 불량콩이 만들어진다.

습식방식

발효 종료 후, 물을 바꾸면서 24시간 동안 여러 번 수세(washing)한 후, 햇빛 또는 건조기에서 수분이 약 12%가 되도록 건조하면 파치먼트가 함유된 생두가 얻어진다. 이것을 정제공장의 탈곡기에 넣으면 생두가 생산되는데, 이를 사이즈별(sizing), 선별(selecting) 및 품질검사를 통하여 규격에 따라 60kg 마대에 담는다. 생두의 수분 14%이면, 보존 중에 미생물이 증식하기 때문에 생콩의 수분은 13% 이하여야 한다.

① 세척방식(washed coffee)

체리에서 펄프과육을 벗겨내는 작업인데 과육을 제거한 한 후 파치먼트에 달라붙어 있는 끈적끈적한 점액질을 제거하는 과정으로 전통적인 방법인 발효과정을 이용한 방법으로 발효시간은 12~36시간 정도이다.

펄핑머신

가공과정은 먼저 체리를 가볍게 씻는다. 그 후 물이 담긴 시멘트나 철로 된 탱크에 넣고 껍질을 제거한다. 탱크 내에는 분리시킬 수 있는 장치가 되어 있다. 껍질이 제거되면 과육이 남아 있는 것을 알 수 있다. 물이 가득 담긴 발효탱크로 옮기고, 12~36시간 정도 두면서 깨끗한 물로 3~5회 갈아준다. 물에 의해 파치먼트에 붙어 있는 과육이 완전히 제거되고 동시에 발효가 일어난다. 발효는 세척 방식의 핵심으로, 발효되는 과정에서 깨끗한 맛과 과일 향을 얻게 된다. 12~36시간 경과 후 만져보면 조약돌과 같은 느낌이 나는데, 그 후에도 몇 차례 물로 헹궈준다. 모든 과정이 끝나고 수분함유량을 측정해 보면 약 57%이다.

그 후 땅이나 그물에 펼쳐 놓고 수분이 11~13%가 될 때까지 건조하거나 건조기계에 말리기도 한다. 일반적으로 수확된 체리를 처음 물에 담갔을 때는 pH가 7 정도이나, 약 24시간이 경과한 후에는 약 4.3으로 떨어진다. 세척방식으로 가공된 커피는 밝고 깨끗한 맛을 느낄 수 있다는 장점이 있다. 그러나 발효과정에서 사용된 물은 제대로 정화하지 않고 버렸을 경우 주변 환경을 오염시킬 수 있으므로 각별히 주의해야 한다.

② 세미 워시드 방식(semi-washed coffee)

브라질에서 많이 사용하는 방식인데 펄프드 내추럴과 다른 방식으로 체리껍질을 벗긴 후 과육과 점액질까지 완전히 물에 씻거나 제거해 버린 후 파치먼트 상태에서 넓은 땅이나 그물에 두고 수분이 11~13%가 될 때까지 건조시키는 방법으로 영세한 농장에서 사용되며 지금은 별로 이용되지 않는다. 워시드 커피와 달리 발효과정이 일어나지 않지만 깔끔한 맛을 느낄 수 있다.

지금까지 각기 다른 가공방식에 대해 알아봤다. 같은 나무에서 수확된 체리라

할지라도 가공방식을 다르게 하면 서로 다른 맛을 낸다. 즉, 가공방식은 커피 맛에 지대한 영향을 미치는 요인 중 하나라고 할 수 있다.

## 2) 건조와 보관

말린 파치먼트는 건조과정을 거치며 지쳐 있기 때문에 바로 탈각하지 않고 일정기간 쉬게 한다. 일반적으로 약 3~4개월 정도 휴식기를 갖는데, 기간이 짧으면 생두의 신선도가 떨어지는 경우가 많다. 이 과정을 숙성과정이라고도 하는데, 모든 체리의 수분을 11~13%로 균일하게 맞춰주고 안정적이며 부드러운 맛을 얻기 위해서이다. 숙성과정을 거치는 것은 스페셜티 커피에 한정되며 숙성 뒤에는 아로마와 플레이버가 풍성해진다. 보관 도중 바깥 공기의 영향을 받지 않게 하기 위해서 온도와 습도를 일정하게 유지할 수 있도록 마대에 넣어 통풍이 잘 되는 창고에 보관한다.

## 3) 파치먼트 제거와 생두 선별

건조과정이 끝나면 파치먼트를 제거하는데, 파치먼트를 제거하여 생두로 만드는 과정을 탈각이라고 한다. 밀링(milling)은 생두를 감싸고 있는 파치먼트나 껍질(husk)을 제거하는 과정이다. 워시드 커피의 파치먼트를 제거하는 것을 헐링(hulling)이라 하고, 내추럴 커피의 껍질을 제거하는 것을 허스킹(husking)이라 한다.

광택작업인 폴리싱(polishing)은 생두를 감싸고 있는 은피를 제거하여 생두에 윤기를 띠게 하는 작업을 말하며 때로는 약간의 물을 사용한다. 이 작업을 하면 중량 손실을 가져오나 외관을 좋게 하고 쓴맛을 감소시켜 상품의 가치를 높일 수 있는데 반드시 하는 작업은 아니며 주문자의 요청에 의해 이루어진다. 브라질의 대규모 농장에서는 현대식 기계를 사용한다. 그러나 아프리카나 아시아의 열악한 소규모 농장에서는 아직도 재래방식인 절구로 빻아서 제거한다. 파치먼트 제거 후에는 선별과정이 뒤따른다.

생두는 가공이나 건조 과정에서 곰팡이가 생겼거나 썩었을 수도 있고, 돌이나 나뭇가지 등이 섞여 들어올 수도 있다. 정상적이지 않은 생두나 이물질이 섞인 생두를 결점두라고 하는데, 아래의 사진과 같이 결점두를 제거하고 상품가치가 있는 생두만을 골라내는 것을 선별과정이라 부른다. 선별방법은 다음의 표와 같다.

생두 드라이머신

선별방법

| 구분 | 내용 |
|---|---|
| 비중 선별 | 진동으로 생두를 무게별로 골라낸다. 덜 익은 생두나 이물질은 골라낼 수 없다. |
| 스크린 사이즈 선별 | 스크린 사이즈를 이용하여 생두의 크기를 구분한다. |
| 전자 선별 | 생두의 색깔로 정상적이지 않은 콩을 걸러낸다. |
| 수작업 선별 | 고급품질은 기계선별 후 최종 공정으로 사람의 손으로 결함이 있는 콩이나 이물질을 걸러낸다. 인도네시아 등 수작업에 의존하는 산지가 많다. |

소규모 농장에서는 결점두를 사람이 일일이 손으로 골라낸다. 숙련된 사람들의 경우 쉽게 골라낼 수 있으나, 초보자의 경우는 시간이 많이 소요되고 피곤한 작업이다. 한편 브라질이나 콜롬비아의 대규모 농장에서는 기계를 사용하여 결점두를 제거한다. 결점두(defect bean)는 생두 중에 결함이 있는 콩으로 그 발생 원인은 매우 다양하며 로스팅과 맛에 좋지 않은 영향을 주므로 커핑이나 로스팅 전에 핸드 픽을 하여 선별해야 한다.

결점두는 수확과정에서도 발생하지만 그 이후의 가공과정 즉 발효나 건조과정 및 탈곡과정과 보관과정 등 전 과정에서 발생하게 된다. 결점두의 원인은 종류에 따라 한 가지 이상인 경우도 많으며, 또한 결점두의 종류와 명칭 그리고 정의 등은 지역이나 국가, 단체 등에 따라 상이하다. 결점두로 생두를 분류하는 국가는 대체로 내추럴 커피를 생산하는 국가들로 Brazilian Naturals 그룹에 속한다. 왜냐하면 내추럴 커피는 워시드 커피에 비해 결점두가 혼입될 확률이 크기 때문에 브라질이 대표적인 국가이다.

Coffee Barista

제5장

# 생두의 분류 및 등급책정

# 1. 생두의 분류와 선별

## 1) 생두 크기에 따른 분류

결점두가 제거되고 상품성 있는 생두만 남게 되면 다시 등급별로 분류해야 한다. 분류 목적은 생산자와 수입업자 간의 의사소통을 용이하게 하기 위한 것으로 기준은 국가에 따라 차이가 있다. 콜롬비아, 케냐, 탄자니아, 하와이 등에서는 생두의 크기에 따라 등급을 책정하는데, 크기가 클수록 높은 등급으로 분류된다. 단, 생두의 크기와 맛이 꼭 비례하지는 않는다. 생두 크기에 따른 등급의 책정을 이해하기 위해서는 먼저 스크린 사이즈에 대해 알아야 할 필요가 있다.

스크린 사이즈로 분류하는 대표적인 나라는 콜롬비아와 케냐인데 콜롬비아의 수프리모(supremo)와 케냐의 AA가 유명하다. 크기에 의한 분류를 채택하고 있는 나라들은 대부분 커피의 품질관리가 뛰어나며 상대적으로 결점두가 적은 우수한 품질의 커피를 생산하는 나라들로서 Colombian Mild Arabicas 그룹에 속한 나라들이 많다.

생두의 크기 분류는 스크리닝(screening)을 통해 이루어지는데 스크린이라는 판 위에 생두를 올려놓은 후, 판에 진동을 주어 크기가 작은 생두는 밑으로 빠지고 큰 생두는 스크린판 위에 남게 하는 방식이다. 생두의 크기를 정할 경우 300g의 샘플을 채취해 스크린 사이즈가 각기 다른 스크리너(screener)라 불리는 체를 위에서부터 큰 순서대로 겹쳐놓고 흔들어준 다음 샘플이 각 스크리너에 남아 있는 상태를 파악하여 사이즈를 결정한다.

### (1) 스크린 사이즈

스크리너

스크리너는 13개가 한 세트로 20~8까지의 번호가 새겨져 있다. 스크린 사이즈 1/64인치로 약 0.4mm이며, 길이가 아니고 폭을 기준으로 한다. 모양은 직사각형의 나무틀 내에 철판이 깔려 있는데, 철판 안에는 수십 개의 구멍이 뚫려 있다. 구멍의 크기는 스크리너마다 다른데, 번호가 큰 스크리너의 구멍이 가장 크고, 번호가 내려갈수록 크기는 작아진다. 생두의 크기를 분류할 때에는 가장 작은 번호의 스크리너를 맨 밑바닥에 두고 번호 순대로 쌓아 올린다. 그렇게 되면 번호가 가장 큰 스크리너가 제일 위로 가게 된다. 그런 다음 생두를 붓고 흔들면 작은 생두는 밑으로 빠지고 큰 생두는 판 위에 남는다.

크기가 분류기준인 대표적인 국가

| 국가 | 등급 | 기준 |
|---|---|---|
| Colombia | Supremo | Screen size 17 이상 |
| | Excelso | Screen size 17 이하 |
| Kenya | AA | Screen size 17~18 |
| | AB | Screen size 15~16 |
| | C | Screen size 14~15 |
| Tanzania | AA | Screen size 18 |
| | A | Screen size 17 |
| Hawaii | Kona Extra Fancy | Screen size 19/10 defects 이내 |
| | Kona Fancy | Screen size 18/16 defects 이내 |
| | Kona Prime | Screen size 무관/25 defects 이내 |

### (2) 커피 생두의 등급

- 아프리카, 인도 : AA(최상품), AB(중품), PB(피베리)
- 콜롬비아 : 수프리모(최상급), 엑셀소(상업용 등급), U.G.O

## 2) 재배 고도에 따른 분류

과테말라, 온두라스, 멕시코와 같은 나라에서는 고지대에서 생산된 생두일수록 높은 등급으로 분류한다. 생두의 밀도와 관련이 깊기 때문인데, 그 이유는 다음과 같다. 일반적으로 지대가 높으면 일교차가 심하다. 햇볕이 뜨거운 낮에는 생두가 커지기 위해 팽창하고, 밤이 되어 기온이 급강하하면 수축한다. 이와 같은 현상이 반복되다 보면 생두의 밀도가 높아지고 단단해진다. 실제로 고밀도의 생두는 저밀도에 비해 추출했을 때 맛과 향이 훨씬 풍부한 것을 느낄 수 있다. 커피는 생산고도가 높을수록 그 맛과 향이 뛰어나고 수확량이 적어 저지대에서 생산된 커피보다 당연히 그 등급이 높게 매겨지게 된다. 대표적인 나라가 과테말라나 코스타리카인데 Strictly Hard Bean(S.H.B)이 그 대표적인 등급이다. 생산고도가 분류기준인 대표적인 국가는 다음의 표와 같다.

생산고도가 분류기준인 국가

| 국가 | 등급 | 기준 |
|---|---|---|
| Guatemala | Strictly Hard Bean(S.H.B) | 1,500m 이상 |
| | Hard Bean(H.B) | 1,300~1,500m |

| | | |
|---|---|---|
| Costa Rica | Strictly Hard Bean(S.H.B) | 1,200~1,650m |
| | Good Hard Bean(G.H.B) | 1,100~1,250m |
| Mexico | Strictly High Grown | 1,700m 이상 |
| | High Grown | 1,000~1,600m |
| Honduras | Strictly High Grown | 1,500~1,700m |
| | High Grown | 1,000~1,500m |
| Nicaragua | Strictly High Grown | 1,500~2,000m |
| | High Grown | 1,300~1,500m |

## 3) 결점두 수에 따른 분류

인도네시아와 에티오피아에서는 생두 내의 결점두 수에 따라 등급을 책정하는데, 결점두 수가 적을수록 높은 등급으로 분류된다. 예를 들면 브라질의 경우 300g의 콩에 포함된 혼입물의 종류와 수량에 대비하여 결점두 수가 정해진다. 결점두 수가 분류기준인 대표적인 국가는 다음의 표와 같다.

결점두 수가 분류기준인 국가

| 국가 | 등급 | 기준 |
|---|---|---|
| Brazil | No. 2~No. 6 | 4 defects~86 defects |

| | | |
|---|---|---|
| Cuba | Grade 1~Grade 9 | No defect~over 360 |
| Ethiopia | Grade 1~Grade 8 | No defect~over 340 |
| Indonesia | Grade 1~Grade 6 | Grade 1:11~Grade 6:225 |

## 4) 맛에 따른 분류

최근 브라질을 비롯한 여러 나라에서는 SCAA 기준법에 따라 생두의 등급을 책정한다. 맛에 따른 분류는 커피 취급에 따라 원래 중요한 것이다. 브라질에서는 결점두에 의한 기준 외에 여러 가지로 분류하는데 맛에 따른 분류는 브라질에서는 6단계로 분류되어 있다. 맛에 의한 분류는 다음의 표와 같다.

맛에 의한 분류

| | |
|---|---|
| Strictly Soft | 매우 부드럽고 단맛이 느껴짐(very mild, sweet) |
| Soft | 부드럽고 단맛이 느껴짐(mild sweet) |
| Softish | 약간 부드러움(slight mild) |
| Hard, Hardish | 거친 맛이 느껴짐 |
| Rioy | 발효된 맛이 느껴짐 |
| Rio | 암모니아 향, 발효된 맛이 느껴짐 |

Soft까지는 좋고, Hard는 조금 혀에 맛이 남는다. Rio는 약품냄새가 강한 것이다. 건조가 끝난 생두는 생두의 크기(size), 밀도(density), 색깔(color), 수분함유율(moisture content) 등에 의해 등급이 구분된 후 포장된다. 선별의 목적은 생두의 품질이 균일하지 않다면 로스팅이 제대로 되지 않게 되는데 선별을 통하여 품질을 균일하게 함으로써 고른 로스팅을 할 수 있게 하기 위한 구매자의 요구에 부응하기 위해서이다.

## 2. 등급책정

### 1) SCAA(Specialty Coffee Association of America)

■ **미국 스페셜티커피협회 기준법**

이상에서 살펴본 바와 같이, 생두의 등급을 책정하는 기준은 국가별로 다양하다. 하와이와 뉴욕 커피 거래소(NYBT)에서는 결점두 수와 크기를 같이 고려하여 등급을 책정하기도 한다. 미국 스페셜티커피협회에서는 이런 다양한 방법들을 모두 고려하여 국제적으로 사용할 수 있는 합리적인 등급체계를 구축했다. 평가기준은 다음과 같다. 먼저 가공과정이 끝난 생두를 350g 샘플링한다. 스크린 사이즈 크기, 무게, 비율, 함수율을 검사한 다음, 원두 100g을 샘플링하여 커핑 테스트(cupping test)를 통해 맛과 향까지 평가한다. SCAA의 분류기준에 따른 스페셜티 커피 분류기준은 다음의 표와 같다.

SCAA의 분류기준에 따른 스페셜티 커피 분류기준

| 항목 | 내 용 |
|---|---|
| 샘플 중량 | · 생두 : 350g · 원두 : 100g |
| 수분함유량 | · 워시드 방식 : 10~12% 이내<br>· 내추럴 방식 : 10~13% 이내 |
| 콩의 크기 | · 편차가 5% 이내일 것 |
| 냄새 | · 외부의 오염된 냄새(Foreign ordor)가 없을 것 |
| 로스팅의 균일성 | · specialty coffee : Quaker는 허용되지 않음<br>· Premium coffee : Quaker는 3개까지 허용됨<br>※ Quaker : 로스팅 시 충분히 익지 않아 색깔이 다른 콩과 구별되는 덜 익은 콩 |
| 향미 특성 | · 커핑을 통해 샘플은 Fragrance, Aroma, Flavor, Acidity, Body, After taste의 부분에서 각기 독특한 특성이 있을 것<br>· 향미 결점이 없어야 한다.(no fault & taint) |

### (1) 결점두 수에 따른 등급기준(생두 350g)

| 등급명칭 | 결점두 수 |
|---|---|
| Specialty Grade | 0~5 |

| | |
|---|---|
| Premium Grade | 0~8 |
| Exchange Grade | 9~23 |
| Below Grade | 24~86 |
| Off Grade | 86 이상 |

## (2) 원두의 Cupping Test 등급기준

절차에 의해 준비된 커피를 다음의 6개 항목으로 평가하여 최저 0점에서 최대 55점 총점에 50점을 더하여 Cupping Test 등급을 나눈다.

| 항목 | 점수 |
|---|---|
| 향기(Aroma) | 1~10점 |
| 향미(Flavor) | 1~10점 |
| 뒷맛(Aftertaste) | 1~10점 |
| 상큼한 맛(Acidity) | 1~10점 |
| 중후함(Body) | 1~10점 |
| 균형감(평가자의 견해) | –5~5점 |

| 등급명칭 | Cupping Test |
|---|---|
| Specialty Grade | 90점 이상 |
| Premium Grade | 80~89점 |
| Exchange Grade | 70~79점 |
| Below Grade | 60~69점 |
| Off Grade | 50~59점 |

### (3) SCAA 분류기준에 따른 결점두의 종류

■ SCAA 기준의 결점두

일반적인 샘플링은 300g의 생두로 하지만 SCAA 분류는 350g의 샘플로 시행한다. SCAA의 분류법은 콩의 결점과 커피의 품질 간의 관계를 평가하는 뛰어난 시스템이다. 왜냐하면 일반적인 분류가 결점두나 사이즈 등 외관에만 한정된 데 비해 이 분류법은 콩의 결점뿐만 아니라 콩의 크기, 수분함유율, 컵 퀄리티(cup quality)까지도 평가하기 때문이다. 한 개의 콩에 결점이 두 개 발견될 경우 디펙트(defect) 점수가 더 높은 요소로만 평가한다. SCAA 기준의 결점두는 다음의 표 및 사진과 같다.

SCAA 기준의 결점두

| 종류설명 | 발생원인 | 종류설명 | 발생원인 |
|---|---|---|---|
| Black Bean | 너무 늦게 수확되거나 흙과 접촉하여 발효 | Hull/Husk | 잘못된 탈곡이나 선별과정 |
| Dried Cherry /Pods | 잘못된 펄핑이나 탈곡 | Fungus Damaged | 곰팡이 발생 |
| Foreign Matter | 이물질을 제거하지 못한 경우 | Parchment | 불안전한 탈곡 |
| Insect Damage | 해충이 파고들어가 알을 낳은 경우 | Broken Chipped/Cut | 잘못 조정된 장비 또는 과도한 마찰력 |
| Floater | 부적당한 보관이나 건조 | Withered Bean | 발육기간 동안 수분 부족 |
| Immature /Unripe | 미성숙한 상태에서 수확 | Shell | 유전적 원인 |
| Sour Bean | • 너무 익은 체리, 땅에 떨어진 체리 수확<br>• 정제과정에서 오염된 물 사용 | | |

Black bean

Hull/Husk

Dried Cherry/Pods

Fungus Damaged

Foreign Matter

Parchment

Insect Damage
Broken Chipped/Cut
Sour Bean

결점두의 종류

## (4) SCAA의 각 등급기준

### ① 스페셜티 그레이드(specialty grade)

생두는 350g당 Primary Defects가 허용되지 않으며 Full Defect 결점두로 환산하여 풀 디펙트는 5점을 넘지 않아야 한다. 원두 100g당 퀘이커(quaker)는 단 하나도 허용되지 않는다. 수분함량은 9~13% 이내여야 한다.

② 프리미엄 그레이드(premium grade)

Primary Defects가 허용되며 Full Defect로 환산하면 생두는 350g당 풀 디펙트는 8점을 넘지 않아야 한다. 원두는 100g당 퀘이커는 3개까지만 허용한다. 수분함량은 9~13% 이내여야 한다.

③ 익스체인지 그레이드(exchange grade)

Full Defect는 9~23점 이내여야 한다. 원두는 100g당 퀘이커는 최대 5개까지 허용된다. 수분함량은 9~13% 이내여야 한다.

④ 빌로 스탠다드 그레이드(below standard grade)

Full Defect는 24~86점 이내여야 하며, 수분함량은 9~13% 이내여야 한다.

⑤ 오프 그레이드(off grade)

Full Defect가 86점 이상인 경우이다.

# 3. 포장과 보관

## 1) 커피의 포장

생두가 기준에 따라 등급이 책정된 후 분류된 커피는 무게를 측정하여 통기성

이 좋은 황마(jute)나 멕시코나 중미에 서식하는 용설란의 일종으로 만들어진 사이잘삼(sisal hemp)자루에 넣어 보관한다. 황마나 사이잘삼을 이용하여 자루를 만드는 이유는 통기성이 좋아 장기간 보관에 유리하기 때문이다. 분류된 커피를 크기나 품질이 다른 커피와 혼합하는 것을 블렌딩(blending)이라 하며, 생산자는 다르지만 품질이 동일한 커피를 혼합하는 것을 벌킹(bulking)이라 한다.

보통 한 자루에 생두가 약 60kg 들어가는데, 몇몇 국가에서는 50kg이나 45kg을 넣기도 한다. 생두는 빛이 들지 않고 통풍이 잘되며 습기가 차지 않는 곳이 좋다. 커피원두 포장방식은 진공포장방식, 개폐 밸브방식, 압축 포장방식이 있다. 포장재료는 보향성, 차광성, 방기성, 방습성이 있어야 한다.

생두포대

라이온 커피회사가 커피 포장하는 단계는 다음의 사진과 같다. 1단계는 포장 비닐 준비, 2단계는 생두 보내기, 3단계는 포장용기에 원두 담기, 4단계는 진공 포장된 상태이다.

1단계 : 포장 비닐 준비

2단계 : 생두 보내기

3단계 : 포장용기에 원두 담기

4단계 : 진공 포장된 상태

라이온 커피회사의 포장과정

## 2) 커피의 보관

생두를 보관하는 창고의 통풍 · 습도 · 온도 조절에 주의를 기울여야 한다. 보관이 제대로 이루어지지 않으면 고품질의 생두라 해도 쉽게 변질되기 때문이다. 온도는 20℃, 습도는 40~50%, 빛이 안 들고 통풍이 잘 되는 장소가 바람직하다. 또한 벽에 붙이지 않고 약 20cm 정도 띄워 놓고 보관해야 하며, 바닥에는 나무 등을 깔아 자루가 바닥에 직접 닿지 않도록 한다. 여름 장마철에는 습도가 높으므로 각별한 주의가 요구되며, 보관기간은 1년이 넘지 않도록 한다.

커피 보관의 가장 큰 목적은 커피의 특성을 완전하게 보존하여 가능한 오랫동안 상업적 가치를 유지하는 것이다. 커피의 적절한 보관이 필요한 이유는 아래와 같다.

- 커피는 생리적 활동을 하는 살아 있는 존재이다.
- 씨앗으로 사용할 때 발아율은 보관상태에 따라 달라진다.
- 커피는 보관장소의 환경에 따라 맛과 향이 쉽게 변할 수 있다.
- 커피 생산은 계절적인 반면, 소비는 연중 지속적으로 발생하고, 생산자에서 계약자에게 전달되는 기간이 상당히 소요되므로 장기간 보관하는 경우가 자주 발생하게 된다.

## 3) 커피 생두의 선도

커피는 농작물이기 때문에 종류에 따라 다를 수도 있으나 대부분 일 년에 2회의 수확을 한다. 전 세계에서 같은 시기에 수확하는 것이 아니라 각 나라, 지역에 따라 수확시기는 바뀐다. 우리가 주식으로 하는 쌀에도 묵은쌀, 햅쌀이 있듯이 커피 생두 역시 선도가 있다.

### (1) 뉴 크롭(new crop)

커피의 수확으로부터 1년 이내의 것으로 금년 것의 커피콩을 자칭한다. 함수량이 높고 성분이 아직 많이 빠지지 않기 때문에 커피의 적정한 배전에 의해 향기가 풍부한 커피가 된다. 한편 수분, 유지성분이 풍부하기 때문에 커피의 배전은 힘들고 높은 기술을 필요로 한다. 제대로 볶지 못하면 커피 면에 얼룩이 지고, 커피의 신맛이 무척 강해지며 커피의 속까지 태우지 못하는 경우에는 잡맛이 나는 경우도 많다. 통상 뉴 크롭은 이론적으로 강배전도에 어울린다고 한다. 커피 생두는 청색이다.

### (2) 패스트 크롭(passed crop)

수확한 지 1년이 경과된 즉, 전년에 수확한 커피 생두이다. 뉴 크롭과 비교하여 함수량이 저하되는 데 따라 볶은 커피의 향도 떨어진다. 수분이 빠진 것으로 뉴 크롭에 비해 배전은 쉽다. 다만 신맛이나 향기성분이 적고 커피의 풍미가 무난해지는 커피라 할 수 있다. 패스트 크롭의 경우 커피의 배전도는 이론적으로 중배전 정도가 어울리며, 커피 생두의 색깔은 녹색에 가깝다.

### (3) 올드 크롭(old crop)

커피를 수확한 지 2년 이상 경과된 커피 생두이다. 수분 함수량도 저하되어 커피의 풍미가 현저히 떨어지는 것이라 할 수 있다. 커피 생두의 수분비율 등 모든 성분이 저하된 상태이므로 어떠한 배전에도 향기가 풍부한 커피를 만들기 어렵다.

제6장

# 세계 커피의 원산지

# 1. 아프리카(Africa)

## 1) 에티오피아(Ethiopia)의 하라와 시다모

에티오피아는 아프리카 동부에 위치한 나라로 3000년 이상의 오랜 세월 동안 독립을 유지하면서 고유문자와 독창적인 문화를 발전시켜 온 유서 깊은 나라이다. 현재 세계 최빈국 중 하나이긴 하지만, 자원이 풍부하여 커다란 잠재력을 보유하고 있으며, 동부아프리카의 중심 국가로 알려져 있다. 에티오피아는 1974~1991년간 멩기스투 공산독재주의, 내전 및 에리트레아와의 전쟁으로 경제가 피폐해져 국제사회의 지원이 지속되고 있다.

에티오피아는 아라비카 커피의 원산지이며, 자국에서 생산되는 양의 40% 이상을 자국민이 소비할 정도로 에티오피아에서의 커피는 일상생활과 밀접한 관계가 있다. 커피에 대한 자부심이 대단히 높으며, 아프리카를 통틀어 커피 자국 소비가 가장 높은 나라이다. 에티오피아의 커피 중 약 95%가 소규모 농원이나 숲에서 야생의 상태로 자라기 때문에 비료나 농약을 사용하지 않는다. 이 때문에 유기농 재배로 추정할 수 있다.

이르가체페(Yirgacheffe) 커피는 에티오피아 커피 중에서 가장 알이 작고 단단한 경도를 갖고 있다. 세척된 이르가체페는 가장 품질이 좋은 고지대(2,000~2,200m)에서 재배된 커피 중 하나로 초콜릿 맛과 신맛이 강한데, 그 신맛이 레몬 맛처럼 느껴지기도 한다. 여운이 길고 은은한 꽃향기가 나며 최상의 모카 풍미와 향을 가지고 있다. 아프리카 커피의 특징인 와인 향과 과일향의 신맛을 가지고 있으며, 깊은 맛과 입천장에 닿는 묘하고 특별한 느낌을 오랫동안 입안에서 느낄 수 있다.

에티오피아의 커피시장

## 2) 아프리카의 알프스, 에스테이트 케냐(Kenya)

케냐는 이상적인 자연조건과 정부 산하기관인 케냐커피이사회(CBK : Coffee Board Kenya)의 적극적인 지원, 케냐커피수출입협회(KCTA : Kenya Coffee Traders Association)의 합리적인 케냐 커피 경매 시스템을 바탕으로 고품질의 커피를 생산, 공급하고 있다. 소규모의 커피 농장주들은 커피열매를 커피조합에 처분하게 된다. 콜롬비아 커피산업을 모델로 삼아 커피산업을 시작하였으며, 현재 아프리카 커피의 모델로 인식되고 있다. 생산된 모든 커피는 케냐의 수도인 나이로비에서 열리는 경매로 맛과 등급별로 구분된다.

케냐를 대표하는 커피는 '케냐 AA'와 '케냐 AB'이다. 이것은 각기 콜롬비아 수프리모와 콜롬비아 엑셀소를 견본으로 해서 만들어진 기준표라 할 수 있다. 케냐 커피는 짙은 향기 속에 진한 신맛, 와인 맛, 과일 맛을 담고 있으며, 깊고 진한 풍미를 지닌다. 케냐 커피는 봄과 더위에 지치는 여름을 위한 커피이다. 긴장을 풀어줄 만큼 '부드러운' 동시에 활력을 주기에 충분히 '깨끗'하기 때문에 휴식시간에 마시는 데 더할 나위 없이 좋다. 황홀한 커피 향, 최고의 과일 맛, 묵직한 보디감과 과일열매에서 느껴지는 상큼한 신맛, 쓴맛의 균형이 일품이다.

## 3) 탄자니아(Tanzania)의 킬리만자로

독일과 영국의 식민지 시대에 커피산업이 시작되어 발달하였다. 헤밍웨이의 소설로 탄자니아의 커피가 유명세를 타기 시작했다. 커피의 신사라고 불린다. 케냐와의 국경지대에 있는 킬리만자로산에서 주로 생산되며 킬리만자로 모시, 아루샤라고 한다. 모든 커피는 습식가공을 하고 원두의 크기로 AA에서 B까지 등급이 매겨진다. 탄자니아 커피는 와인에서 느껴지는 신맛과 인상적인 과일향을 지녔다. 와인의 신맛이 나며 풍미가 깊은 커피이다.

탄자니아 피베리:기형 커피인 피베리가 일반커피보다 많이 생산되고 유명한데, 향과 과일 맛을 지니며 마시고 난 후 흙냄새와 드라이한 감각 때문에 와일드해서 가장 아프리카 커피답다고 알려져 있다. 킬리만자로산 커피는 보통 킬리만자로, 모시(moshi), 메루산 커피는 아루샤(arusha)로 표시되는데, 각각 주요 도시와 수송지에서 유래한 것이다.

### 4) 예멘(Yemen)의 모카

세계에서 가장 전통적인 방법으로 커피를 생산하고 있으며 '모카커피(mocha coffee)'의 원산지이다. 가내수공업 방식으로 커피를 가공하고 여전히 맷돌을 이용하고 있다. 이 때문에 생두의 모양이 들쭉날쭉한 경우가 많으나 맛에 직접적인 영향은 없는 것으로 알려져 있다. 대부분 유기농으로 생산되지만 인증되지 않은 것이 많다. 풍부한 맛과 꽉 찬 보디감으로 사랑받고 있으며, 특히 짙은 초콜릿 향과 부드러운 쓴맛, 단맛이 어우러진 맛을 낸다.

남북회귀선 사이의 커피벨트

## 2. 아메리카(America)

### 1) 코스타리카(Costa Rica)의 타라주

코스타리카는 중남미의 유럽이라 불린다. 자본주의 시장 경제체제를 기초로 한 개발도상국으로 중미 5개국 중 국민소득이 가장 높을 뿐만 아니라 생활수준, 민주주의 실현, 교육수준, 경제안정, 사회안정 등의 측면에서 중미에서 최고이며, 교육수준도 비교적 높아 문맹률이 중남미지역에서 가장 낮다. 커피산업은 코스타리카 제1의 경제자원이다. 세계의 커피산업계에서 가장 정비가 잘된 국가 지원 시스템을 갖고 있다.

코스타리카 커피등급은 산지와 재배고도에 따라 복잡하게 8단계로 분류된다. SHB(Strictly Hard Bean)은 해발 1,200~1,650m 이상에서 재배하며, 커피를 끓여 한 모금 마셨을 때는 입안에 꽉 찬 듯하다. 구석구석 골고루 감아오는 풍미가 좋다. 부드러운 신맛, 구수한 콩 풋내, 과일의 상큼한 느낌까지 복합적으로 연출되는 이 커피는 코나 팬시와 자메이카 블루마운틴과 유사하다는 평을 얻는다.

또한 기후, 화산성의 비옥한 토양, 높은 고도 등의 이상적인 자연환경과 커피 농장들의 현대적 가공방식으로 좋은 커피를 생산하고 있다. 재배품종 또한 아라비카 커피만을 재배할 수 있도록 규제하고 있다. 코스타리카 커피는 깨끗하고, 적당한 신맛, 단맛이 어우러진 균형 잡힌 맛과 과일향의 특징을 지닌다.

## 2) 자메이카(Jamaica)의 블루마운틴

1728년 히스파니올라섬에서 자메이카로 이주 온 난민이 커피나무를 처음으로 발견하게 되었다. 이후 영국 런던 왕실과 부호들이 '블루마운틴'을 최고의 음료로 선택하게 된다. 1932년부터 '블루마운틴'의 생산량은 최고 155,000kg에 달하면서 품질 하락이 시작되었다. 그러나 1969년부터 일본의 자금 지원과 프리미엄(premium)가격으로 1등급 커피의 90%를 일본으로 수출하고, 나머지 10%만이 전 세계로 출하되고 있다.

오늘날 자메이카에서 생산되는 커피원두로는 Blue Mountain Coffee, High Mountain Coffee가 있고, 저지대 생산품으로는 Prime Washed-Jamaican, Prime Berry가 있다.

현재 한국에서 유통되는 커피는 대부분 자메이카 저지대의 내수용 커피이거나, 다른 나라의 커피가 혼합된 다른 품종이다. 블루마운틴은 오크나무로 만들어진 70kg 통 속에 생두가 깨끗하게 가공되어 푸른색 종이에 곱게 싸여 수출되고 있다. 그 통 속에는 블루마운틴 No. 1인 경우 녹색 자메이카 정부 인증서가 담겨 있다.

## 3) 콜롬비아(Colombia)의 수프리모와 엑셀소

콜롬비아에서 생산되는 커피의 대부분은 높은 고도의 소농장에서 재배되며 세심한 관리로 수확, 가공되는 훌륭한 커피들이다. 콜롬비아는 브라질, 베트남에

이어 세계 제3의 커피 생산국인 동시에 '세척커피'라 불리는 마일드 커피의 세계 제1위 생산국이다. 콜롬비아 커피는 대부분 사람 손에 의해 수확되며, 습식법으로 가공되기 때문에 고급 커피로 분류된다.

콜롬비아 커피는 해발 1,000~2,000m의 가파른 고원지대에서 생산되는데, 이곳은 화산재가 퇴적되어 형성된 비옥한 토양, 맑고 풍부한 물, 일조량, 고원지대의 온화한 기후 및 큰 일교차가 커피 재배에 최적의 조건을 제공하는 곳이다. 안데스산맥의 이러한 기후조건은 다른 어떤 지역에서 재배된 커피보다 진하고 맛을 풍부하게 한다. 수확된 커피의 많은 양이 아직도 대부분 당나귀로 수송된다. 그 당나귀와 커피를 수송하는 농부들(실제로는 '카페테로'라고 불린다)이 콜롬비아 커피의 트레이드 마크가 된 것이다.

콜롬비아는 수만 명의 소규모로 재배하는 사람들로 구성된 '콜롬비아 국립커피 생산자연합(FNC : Federacion Nacional de Cafeteros de Colombia)'의 폭넓은 지원과 후안 발데스(Juan Valdes)로 대표되는 성공적인 커피마케팅 프로그램을 기반으로 '마일드 커피(mild coffee)'의 대명사로 알려진 곳이다.

콜롬비아 커피는 중간 정도의 보디감에 과하지 않은 활기찬 산도, 절제된 과일향으로 생동감이 있으면서 균형 잡힌 부드러움을 특징으로 한다.

- 수프리모(supremo) : screen size 17 이상의 큰 생두
- 엑셀소(excelso : screen size 15~16 크기의 생두
- 콜롬비아에서 size 13 이하의 생두는 자국 내에서 소비된다.

## 4) 과테말라(Guatemala)의 안티구아

과테말라는 중남미를 대표하는 풍부한 커피 향을 지니고 있다. 많은 화산이 있는 나라이며, 고산지대와 태평양, 대서양의 해풍 등 자연조건을 기반으로 독특한 커피가 재배되고 있다. 또한 크고 작은 여러 농원은 조합의 농업교육을 통해 커피 생산에 필요한 환경적 요소들을 적용하여, 개성이 풍부하고 질 높은 스페셜 커피를 생산하고 있다. 바디가 강한 훌륭한 커피가 생산되는 국가이다.

과테말라를 상징하는 커피는 '안티구아(antigua)'이다. 안티구아는 지금도 화산이 활동하는 지역으로 화산폭발로 인한 질소를 커피나무가 흡수하게 되어 연기가 피어오르는 듯한 향기를 머금게 된다. 이 커피는 전체적으로 부드러운 가운데 톡 쏘는 듯한 느낌을 주는데, 그 느낌 속에는 초콜릿 같은 달콤함과 연기가 타는 듯한 향이 아련하게 배어 있다. 바로 이 연기가 타는 듯한 향으로 인해 과테말라 커피는 스모크(smoke) 커피의 대명사로 알려지게 된다.

## 5) 브라질(Brazil)의 산토스

브라질에 최초로 커피가 들어오게 된 것은 1727년 사랑에 눈 먼 프랑스령 가이아나의 총독 부인이 스페인 대령에게 커피 묘목을 선물하면서부터다. 1845년에 전 세계 커피 생산량의 45%까지 도달했고, 브라질 커피는 커피의 대명사로 알려지기 시작한다. 브라질 커피의 전성기인 20세기 초 브라질 커피는 전 세계 커피 생산량의 90% 이상을 차지했다.

브라질이 커피산업에 성공하게 된 데에는 넓고 비옥한 땅과 적도의 강렬한 태양, 거기에 여유로운 노동여건, 커피를 재배하기에는 적합한 조건을 두루 갖추고 있다. 브라질 커피가 로부스타종과 저급 아라비카 커피를 과잉 생산하는 가운데 중남미 커피 생산국들이 고품질의 커피를 개발, 브라질 커피는 블렌딩용에나 알맞은 B급 커피라고 인식되기 시작하면서 브라질 커피의 위상이 하락하게 되었다. 브라질의 커피 생산에 따라 국제 커피시장이 상당한 영향을 받는다.

브라질은 세계 제1위의 생산량을 자랑하는 커피대국이다. 매년 국내 소비량도 증가하고 있어 미국에 이어 세계 제2위의 소비대국이기도 하다. 브라질의 커피 생산량은 세계의 커피 시세에 큰 영향을 미치며 세계의 커피 재배시장을 주도하고 있다. 비교적 가볍고 밝은 느낌과 부드러운 맛에 섬세한 달콤함이 가미되어 미묘한 과일향과 꽃향도 난다.

### 6) 멕시코(Mexico)

멕시코는 유기농 인증 커피를 생산하는 원산지이며, 아즈텍 문명의 발상지로 1821년 스페인으로부터 독립하였다. 대다수의 땅이 고산지대이고, 세계 4위의 커피 수출국이며 연간 약 500백만 포대(포대당 60kg)가 생산된다.

근래 들어 고급 커피 원산지로 부상하는 중이다. 커피를 재배하기에 좋은 환경은 아니나, 멕시코 농부들의 노력으로 훌륭한 커피가 생산되고 있다. 멕시코 커피는 신맛이 강하며 대체적으로는 부드럽고 나쁘지 않은 정도의 가벼운 보디감과 산뜻한 산도, 좋은 균형감을 지니고 있다.

## 7) 하와이(Hawaii)의 코나 엑스트라 팬시

하와이 커피는 하와이와 카우아이섬에서 주로 재배되며 커피 재배에 적당한 기후와 다른 품종과의 교배를 금지하는 정부의 엄격한 관리로, 하와이섬의 코나(kona) 커피로 대표되는 고품질 커피의 명성을 이어가고 있다.

하와이 코나 커피는 감귤류의 이국적인 향과 적당한 산미, 부드러운 맛을 지니고 있다. 화산섬인 토양과 프리 셰이드(오후 2시쯤 구름이 나타나 커피나무에 시원한 그늘을 만들어주는 현상)로 커피 재배에 유리한 조건을 갖춰 코나 커피(자메이카 블루마운틴과 더불어 세계 2대 프리미엄 커피가 됨), 마우이커피(예멘 모카의 개량), 롤스로이스(자메이카 블루마운틴의 개량)가 생산된다. 하와이 커피 생산량의 10%를 차지하는 아름답고 크고 납작한 원두로 버터 맛이 나고 신맛이 강한 커피가 만들어진다.

# 3. 아시아(Asia)

## 1) 인도네시아(Indonesia)의 루왁커피

인도네시아의 커피는 아시아 커피 생산량의 대부분을 차지하며 종류도 다양하고 품질 역시 최상급이다. 자바 인도네시아의 가장 큰 섬으로 자바커피가 생산된다. 17세기 중반 네덜란드인에 의해 전파되어 다시 프랑스를 거쳐 전 세계로 퍼져나가 현존하는 대다수 커피나무의 조상이 되었다. 예멘 커피와 블렌딩하여 세계 최초의 블렌드 커피가 되기도 했다. 에스테이트 자바는 습식 가공되고 다른 지역의 커피보다 더 신맛이 나고 스모키하고 스파이시한 향이 어우러져 있다.

두 번째로 큰 섬 수마트라 커피는 세계에서 가장 경도가 단단한 것으로 알려져 있다. 만델링 커피는 수마트라 에스테이트 만델링 / 수마트라 블루 린통(블루 수마트라) / 가요 마운틴 / 수마트라 코피 루왁, 앙코라 커피가 유명하다.

루왁커피(kopi luwak)는 인도네시아의 대표적 커피이며 사향고양이 루왁의 배설물에 섞여서 나온 커피 씨앗을 깨끗이 씻은 후 볶아낸 커피이다. 인도네시아의 사향고양이는 주식으로 단백질과 지방이 많은 뱀을 먹고 난 후 커피 체리를 먹는다. 체리는 위에서 반발효되어 배설물과 함께 배출된다. 희귀성 때문에 세계적으로 가장 비싼 커피로 유명하다.

사향고양이와 루왁커피

## 2) 로부스타의 생산대국 베트남

세계 제2위의 커피 수출국(세계 4대 커피 수출국 : 브라질, 베트남, 콜롬비아, 멕시코)이며, 세계 제1위의 로부스타종 수출국이다. 대한민국 국내 전체 커피 수입량의 약 40%가 베트남산이며 인스턴트커피의 원재료로 많이 이용된다. 우리가 마시는 커피 10잔 중 4잔은 알게 모르게 베트남 커피이다.

베트남 커피는 향은 강하지 않으나 맛이 진한 것이 특징이다. 베트남에서는 '핀'이라는 이름의 드리퍼를 많이 사용한다. 주로 알루미늄과 스테인리스로 된 것이 저렴하고 많이 사용된다.

## 3) 인도(India)의 몬순커피

지형적 조건의 특이점 때문에 특별한 농경기술이 등장했고, 이에 따라 커피 역시 독특한 특색을 보인다. 로부스타와 혼합된 종을 재배하여 19세기 후반 녹병의 영향을 받지 않을 수 있었다. 전반적으로 좋은 보디와 산도를 지니고 있어 로스팅 범위도 넓고 훌륭한 블렌딩 재료가 된다. 특수한 방식으로 제작되는 몬순커피(monsooned coffee)가 생산된다.

각 나라별 커피

## 공정무역커피

공정거래(fair trade)는 생산자인 농민조합과 소비자 간에 공정한 거래가 이루어지는 것을 말한다. 일반적으로 생산자(커피농장의 농부)가 받아야 할 공정한 가격을 보장받는 것이다. 농민조합이 공정거래로 판매한 커피의 수입은 대부분 농민 삶의 질 향상과 커피의 품질 향상을 위해 사용된다.

국제공정무역기구(Fair trade Labelling Organizations International)에서 커피에 적용되는 생산공정의 투명성과 사회개발에의 투자 등의 인증기준에 의해 공정거래커피로 인증된다. 제3세계의 가난한 커피 재배농가의 커피를 공정한 가격에 거래하는 커피. 공정무역의 대상이 되는 품목 중 커피는 석유 다음으로 거래량이 활발한 품목으로 작황상황에 따라 가격의 폭락과 폭등이 심한 편이다.

따라서 대부분 빈민국인 커피 재배 농가는 선진국의 커피 확보를 위한 원조 또는 투자라는 명목하에 불평등한 종속관계에 놓이게 되었다. 이러한 불평등 구조에 반대하여 유럽에서는 공정한 가격에 거래하여 적정한 수익을 농가에 돌려주자는 '착한 소비'가 시작되었고 이것이 공정무역 커피의 시작이다.
공정무역커피는 아동의 노동력을 착취하는 것에 반대하며, 첫 공정무역커피는 1988년 네덜란드의 막스 하벌라르(Max Havelaar)이다. 1997년 국제공정무역인증기관(FLO : Fair trade Labelling Organizations)이 세워지고 2002년 공정무역마크제도가 시행되면서부터 생산자, 판매자에 대한 엄격한 공정무역 인증제도로 자리 잡았다.

하와이 라이온 커피 창고

# 제7장

# 로스팅

# 1. 로스팅의 개요

## 1) 로스팅이란?

로스팅(roasting)은 커피가 지닌 진정한 맛과 향을 표현하는 가장 중요한 부분이다. 커피는 산지에 따라, 품종에 따라, 재배 고도에 따라, 가공방법에 따라, 보관상태에 따라 다양한 맛과 향을 지닌다. 이러한 다양한 맛과 향은 로스팅 과정을 거침으로써 숨은 매력을 발산하는 것이다. 로스팅은 크게 두 가지 의미를 가졌다고 할 수 있는데 이는 다음과 같다.

첫째, 생두가 가진 수분을 로스팅 정도에 맞게 최대한 방출시키는 과정이다. 산지에서 수확된 생두는 건조과정을 거쳐 10~13% 정도의 수분을 함유하고 있고 촉촉함을 느낄 수 있다. 수분 감소는 로스팅 정도에 따라 달라지지만, 대개 중간 정도의 로스팅을 하면 4~5%로 감소하게 된다.

둘째, 생두의 조직을 최대한 벌어지게 만드는 과정이다. 즉, 무수히 많은 구멍으로 이루어진 조직을 확장시킴으로써 커피 고유의 맛과 향을 표현할 수 있는 것이다.

제대로 로스팅된 커피는 쉽게 부서지며 수분의 함량이 적어 가벼운 느낌이며, 일정한 높이에서 떨어뜨리면 맑은 소리가 나는 것을 확인할 수 있다. 또한 분쇄한 후 추출하여 마셔보면 만족할 수 있는 맛과 향을 느낄 수 있다.

## 2. 로스팅 머신의 종류

### 1) 로스팅 머신의 종류

로스팅에 사용되는 기구는 수세기를 거쳐 다양하고 편리하게 발전되어 현재의 기계화된 형태에 이르게 되었다. 그 유래는 여러 가지 추정설이 있으나, 아라비아 지역에서 아주 원시적인 방법을 통해 로스팅되어 마셨을 거라는 설이 가장 유력하다. 아마도 누군가에 의해 아주 우연한 기회에 발견되어 세상에 알려지게 되었을 것으로 추정된다. 다음의 사진과 같이, 그 후 보다 편리하고 균일한 맛과 향을 얻기 위해 기계의 개발과 기술의 발전이 일어나게 된 것이다. 현재 개발되어 보편화된 로스팅 방식은 크게 수망로스터, 직화 로스터, 반열풍식, 열풍식으로 나누어진다.

로스팅 기계

### (1) 수망로스터

가정에서 쉽게 볶아서 신선한 커피 맛과 향을 즐길 수 있는 간편한 수망 로스터 손잡이가 있는 미세한 망으로 만들어진 로스터는 커피 마니아 사이에 호평받는 기구이다. 여러 번 반복해서 연습하면 균일한 원두의 색을 얻을 수 있고 조직을 잘 벌어지게 할 수 있다. 단, 숙달되지 않은 경우 색의 불균형, 탄 맛의 증가, 비린 맛 등이 나기도 한다.

수망 로스팅 과정

### (2) 직화 로스터

아래의 그림과 같이, 가스 LNG, LPG를 이용하여 드럼 표면에 직접 열을 전달하는 방식이다. 드럼 외부 표면에 미세한 구멍이 균일하게 나 있어 점화된 버너의 열량이 드럼 외부를 통해 내부로 100% 전달된다. 열량이 직접 공급됨으로써 개성적인 커피 맛과 향을 기대할 수 있는 반면, 자칫하면 원두 표면을 태울 수 있는 단점이 있으므로 세심한 주의가 필요하다.

불이 직접 콩에 닿는 구조이므로 맛의 편차가 생기기 쉽고 로스팅이 어려워진다. 일반적으로 생콩의 개성을 철저하게 표현하는 데 좋은 가열법이라 할 수 있다.

로스팅 기계

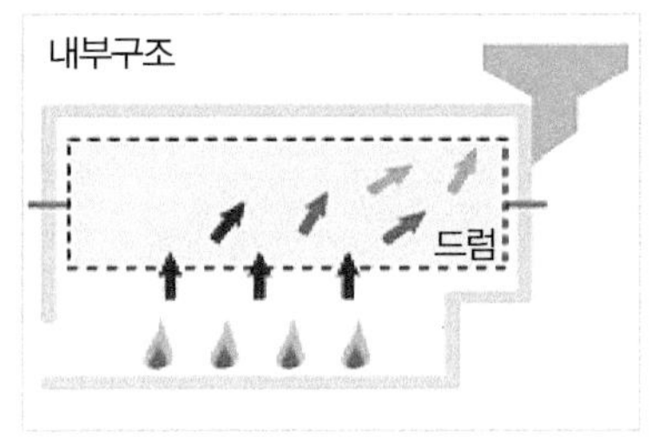


직화 로스터 구조

직접적인 맛의 변화가 있고 개성이 강하게 느껴지기 때문이다. 한편 생콩에 대한 더 깊은 지식과 판단력, 로스팅의 테크닉이 요구된다. 생콩의 상태를 보고 수분함유량을 예측하고 적정한 화력을 설정하는 기술이 요구된다. 그것은 초보자에게는 처음에는 어렵다고 할 수 있다.

잘못된 케이스로 보면, 표면은 볶아졌으나 안쪽까지 불기가 통하지 않는 등의 볶음상태의 편차가 발생한다든지, 안쪽까지 잘 볶이도록 하기 위해 표면이 타는 현상이 발생하는 등을 생각해 볼 수 있다. 특히 소형 가마에서는 뉴 크롭을 로스트하는 경우, 생콩이 딱딱하고 속까지 균일하게 로스팅하는 것은 어렵다고 할 수 있다.

그러므로 지금까지 일본에서는 조금은 시든 듯한 콩을 원했던 이유 중 하나가 이것이다. 로스트를 실패하면 떫은맛과 신맛이 갑자기 생기기도 하고 맛의 밸런스가 깨지게 된다. 잘하면 신맛과 쓴맛, 단맛이 조화를 이룬 커피가 가능해질 것이다. 단 강배전에 대해서는 타는 것이나 연기로 인한 손상이 생기기 쉬운 경우도 적지 않다.

### (3) 반열풍식

다음의 그림과 같이, 반열풍식은 드럼 표면에 직접 열량을 공급함과 동시에 드럼 후면에 있는 미세한 구멍을 통해 뜨거운 열풍도 같이 전달한다. 다시 말해, 드럼을 통한 열량 전달과 드럼 후면부를 통한 열풍 공급이 균일하게 이루어진다는 뜻이다.

따라서 직화식과는 달리, 안정적인 커피 맛과 향을 표현할 수 있으며, 균일한 원두의 색을 만들 수 있다. 철판 위에서 볶는 것 같은 형태이며, 맛이 부드럽고 순하다. 그러나 화력, 시간의 밸런스에 따라 맛이 상당히 변하게 되므로 강한 개성은 감소한다. 초보자도 무리 없이 안정된 로스트가 가능하다. 콩도 팽창되고, 볶음상태가 깔끔하지만, 터지는 소리가 작으므로 주의가 필요하다.

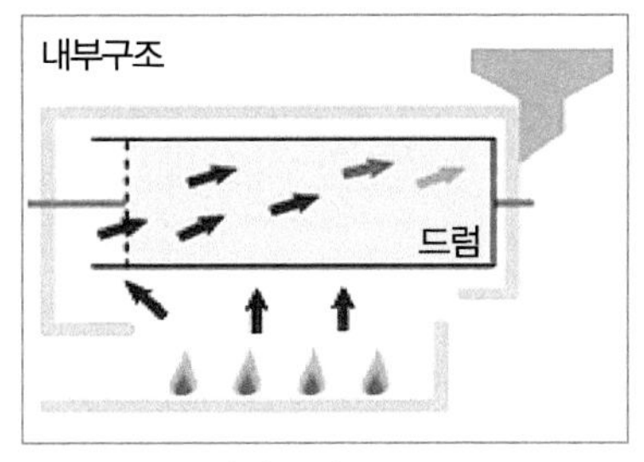

반열풍식 구조

### (4) 열풍식

그림과 같이, 드럼 내외부에 화력이 직접 공급되지 않고 고온의 열풍만을 사용하여 드럼 내부로 주입하는 방식이다. 순수한 열풍만을 이용함으로써 균일한 로스팅을 할 수 있으며, 대량 생산공정에 주로 사용된다. 단, 개성적인 커피 맛을 표현하기는 조금 어렵다는 단점이 있으나, 균일한 커피 맛을 표현하기는 용이하다.

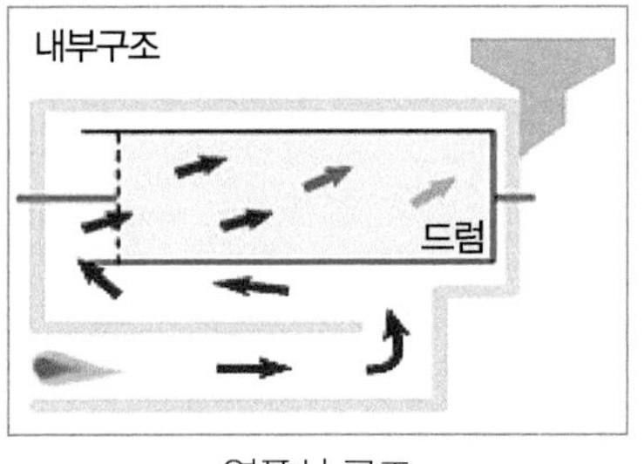

열풍식 구조

고칼로리 열풍을 가해서 순환시키는 구조이다. 단시간에 로스팅이 가능하다. 기본적으로는 대형 가마를 이용하며 대량생산용이다. 배기온도가 높고 콩이 곧바로 팽창되어서 맛을 잃어버리기 쉽다. 안정된 맛은 가능하지만, 맛이 평범하고 특색 없는 맛으로 될 가능성이 있다.

맛의 차이는 가마의 종류 외에도 가마의 크기에도 좌우된다. 3~10kg 정도까지의 소형 가마는, 비교적 맛 컨트롤이 가능하지만, 그 이상이 되면 가마에 의해

제약될 확률이 높아진다. 자신이 원하는 맛을 만들려고 의식하기보다는 가마가 제멋대로 맛을 만들어낸다. 델리케이트한 맛의 표현보다 안정된 맛을 만들고자 할 때 적합하다.

## 3. 로스팅 방법

아래 표와 같이, 로스팅 방법은 저온 장시간 로스팅 방법과 고온 단시간 로스팅 방법을 선택하여 커피콩의 온도, 시간, 밀도, 향미, 가용성 성분, 경제성으로 구분한다.

로스팅 방법

| | 저온 · 장시간 로스팅 | 고온 · 단시간 로스팅 |
|---|---|---|
| 로스터의 종류 | 드럼형 | 유동층형 |
| 커피콩의 온도 | 200~240℃ | 230~250℃ |
| 시간 | 8~20분 | 1.5~3분 |
| 밀도 | 상대적으로 팽창이 적어 밀도가 큼 | 상대적으로 팽창이 커 밀도가 작음 |
| 향미 | 신맛이 약하고 뒷맛이 텁텁하나 중후함이 강하고 향기가 풍부 | 신맛이 강하고 뒷맛이 깨끗하나 중후함과 향기가 부족 |

| 가용성 성분 | 적게 추출 | 10~20% 더 추출 |
|---|---|---|
| 경제성 | 유동층 로스팅이 한 잔당 커피 사용량을 10~20% 덜 쓰게 하여 경제적이다. | |

## 1) 블렌딩(blending)

커피의 특성이 서로 다른 커피를 혼합하여 새로운 맛을 창조하는 것을 말하며 블렌딩하기 위해서는 단종별로 커피의 특성을 제대로 이해하고 있어야 한다. 아래 표와 같이, 블렌딩은 사후 블렌딩과 사전 블렌딩으로 구분한다.

블렌딩 방식

| | 사후 블렌딩 (blending after roasting) | 사전 블렌딩 (blending before roasting) |
|---|---|---|
| 방법 | 각각의 생두를 따로 로스팅한 후 블렌딩하는 방법 | 정해진 블렌딩 비율에 따라 생두를 미리 혼합한 후 로스팅하는 방법 |
| 특성 | 생두의 특성을 최대한 발휘 로스팅<br>횟수가 많고 재고관리가 어렵다.<br>항상 균일한 맛을 내기가 어렵다.<br>로스팅 컬러가 불균일하다. | 로스팅을 한번만 하므로 편리하다.<br>로스팅 컬러가 균일하다.<br>재고부담이 적다.<br>균일한 커피 맛을 낼 수 있다. |

## 2) 원두 색깔에 따른 분류

원두 색깔에 따른 분류는 로스팅 단계를 말한다. 미국 스페셜티커피협회(Specialty Coffee Association of America)에 의해 고안된 색상 분류집은 아래 표와 같다. 로스팅된 정도에 따라 원두의 색을 8단계로 분류하였고, 각각의 색상마다 디스크를 만들어 번호를 부여하였다.

미국 스페셜티커피협회에 의해 고안된 색상 분류

| 명도(L값) | #95 | #85 | #75 | #65 |
|---|---|---|---|---|
| 로스팅 단계 | Very Light | Light | Moderately Light | Light Medium |
| 명도(L값) | #55 | #45 | #35 | #25 |
| 로스팅 단계 | Medium | Moderately Dark | Dark | Very Dark |

로스팅 단계의 식별이 용이하며, 객관적인 근거를 만들었다는 점에서 의미가 있다. 로스팅 단계별 명칭이나 정의는 일정치 않고 나라나 지역마다 달라 혼동을 주는데, SCAA에는 명칭이 아니라 원두 컬러의 밝기에 따라 에그트론(Agtron) No. 25~95까지 총 8단계로 분류하고 있다. 또한 로스팅 단계를 원두의 밝기 명도 L값으로도 표시할 수 있다.

일본에 의해 고안된 색상 분류

| 로스팅 포인트 | Light | Cinnamon | Medium | High |
|---|---|---|---|---|
| | 1차 시작 | 1차 진행 | 1차 완료 | 2차 직전 |
| 명도(L값) | 30.2 | 27.3 | 24.2 | 21.5 |
| 로스팅 포인트 | City | Futility | French | Italian |
| | 2차 시작 | 2차 중간 | 2차 종반 | 2차 이후 |
| 명도(L값) | 18.5 | 16.8 | 15.5 | 14.2 |

SCAA 분류에 따른 로스팅 강도

| Agtron No | 로스팅 정도 | 로스팅 강도 |
|---|---|---|
| #95 | Light | 가장 약한 배전 |
| #85 | Cinnamon | 약배전 |
| #75 | Medium | 중배전 |
| #65 | High | 강한 중배전 |
| #55 | City | 약한 강배전 |
| #45 | Futility | 중간 정도의 강배전 |
| #35 | French | 강배전 |
| #25 | Italian | 깊은 강배전 |

## 3) 로스팅 정도에 따른 색의 변화와 맛의 기준

### (1) 로스팅에 따른 색의 변화

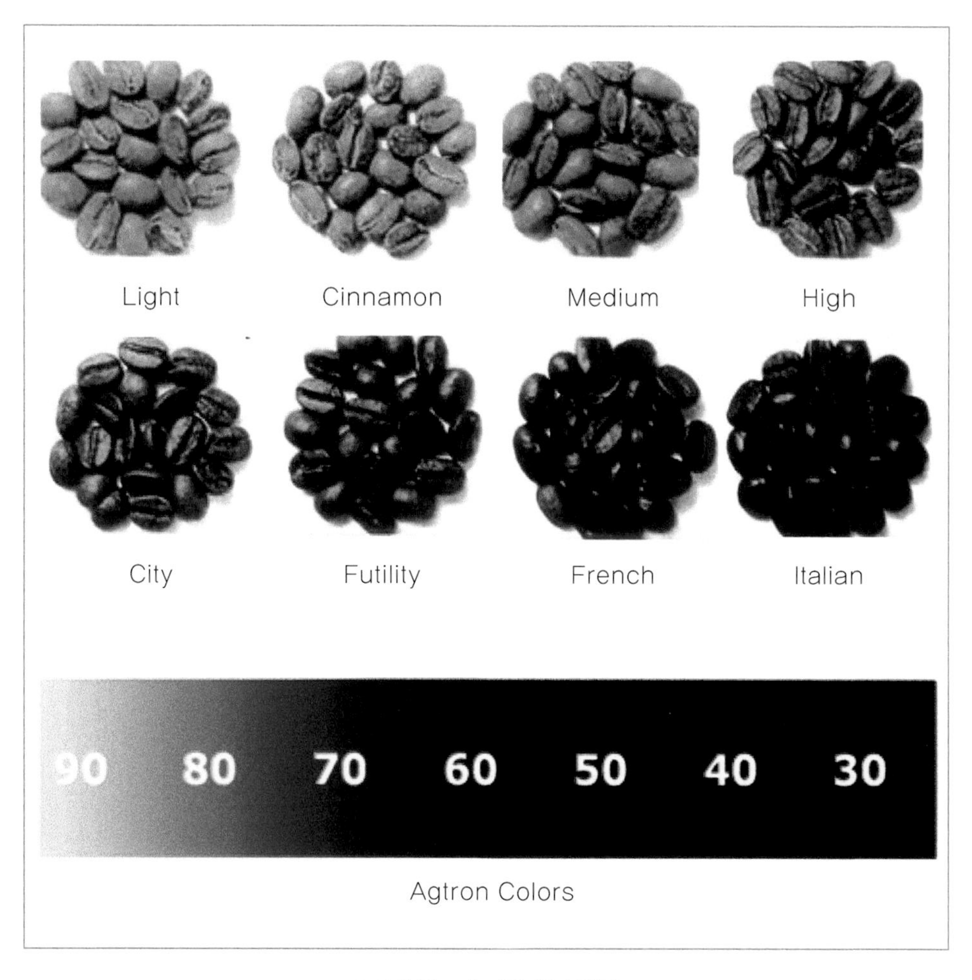


로스팅 정도에 따른 색의 변화

## (2) 로스팅 정도에 따른 맛의 기준

| | |
|---|---|
| 라이트 | 로스트가 약하고, 맛이 깊지 않다. |
| 시나몬 | 신맛이 강하게 남아 있다. 콩의 개성에 의한 것이라기보다는 약하게 볶음으로 인해 향미에 지배를 받고 있다. |
| 미디엄 | 쓴맛보다 신맛이 더 느껴진다. 점점 커피다운 맛이 되긴 했지만, 탁한 느낌이 있다. 중배전 영역이다. |
| 하 이 | 쓴맛과 신맛의 조화가 이루어진 영역. 약간 감칠맛도 있고, 순하지만 신맛이 느껴진다. 맛의 질이 깔끔해지는 중배전 영역이다. |
| 시 티 | 감칠맛이 있고, 약간 쓴맛이 느껴진다. 신맛도 남아 있지만, 그것보다는 쓴맛이나 감칠맛이 나오는 영역에 속한다. 강배전의 향미가 느껴지는 영역에 속함. 이 부분에서부터의 로스트는 생콩 신선도와 관련이 있다. |
| 프렌치 | 쓴맛으로 짙은 무거운 느낌이지만 부드럽다. 약간 그을린 듯한 느낌과 연기 같은 향미에 지배되는데 혀에는 남지 않는다.<br>달콤한 향기가 느껴지는 듯하며, 초콜릿이나 바닐라 향이 느껴진다. 양질의 콩이라면, 각각의 향미의 뉘앙스를 느낄 수 있다. 어딘지 모르게 신맛이 느껴지는 콩이 상태가 좋은 것이며, 설탕을 넣으면 단맛과 함께 어우러져 뛰어난 맛을 형성한다. 생콩의 자질(특징)을 표현하는 것이 가능한 유일한 로스팅 단계이다. |
| 이탤리언 | 쓴맛의 질이 강하고 자극적이며 혀에도 남는다. 탄 것 같은 향미가 있고, 그을린 듯한 맛도 느껴진다. 로스트의 상한으로써 이 이상 볶으면 향미를 잃는다. 생콩 그 자체의 향미가 아니고, 로스트에 의한 향미가 나와버린다. |

# 4. 로스팅 실전

로스팅을 시작하기 전, 다음과 같은 준비작업이 필요하다. 충분한 준비와 검토 후 실행해야 좋은 결과를 가져다주기 때문이다. 먼저 로스팅하고자 하는 생두의 특징, 로스팅 머신의 방식, 장단점 등을 파악한다. 그런 다음 로스팅 포인트를 결정하고 머신을 점화한다.

## 1) 로스팅 전에 주의해야 할 사항들

### (1) 로스팅 머신의 용량

로스터를 고를 때 가장 중요한 것은 용량의 크기이다. 커다란 용량을 일주일에 두 번밖에 사용하지 않는다면 볶은 양에 비해 로스터가 너무 큰 것이다. 반대로 매일 아침부터 밤까지 로스팅하는데, 3kg 용량은 너무 작다. 따라서 로스팅 양을 고려하여 적당한 로스터를 구입해야 한다. 처음 개업할 때는 5kg 정도 용량의 로스터가 일반적이다. 더 작으면 사용량이 늘었을 때 로스팅이 부담스럽다.

다음으로 중요한 것은 성능이다. 예전에는 열량이 부족하여 로스팅 시간이 오래 걸리거나, 댐퍼의 배기성능이 떨어져 커피에서 연기 맛이 났지만 지금은 그런 문제점은 거의 없다. 향미의 강도가 강한 쪽을 원하면 직화식, 부드럽고 가벼운 향을 좋아하면 반열풍식을 구입하면 좋다.

로스팅 시간도 커피품질에 깊이 관여한다. 보통 소형 로스터는 용량의 70% 정도 생두를 시티로스트로 만드는 데 15~20분 정도 걸리도록 설계되어 있다. 화력이 약해 30분 이상 걸리면 로스팅 시간이 너무 긴 것이고, 10분 안에 끝난다면 로스팅이 고르게 안 되거나 커피가 타는 것의 원인이 된다. 이처럼 로스팅에는 기본이 있다. 연습하면 어느 정도 누구나 가능하지만 보다 고도의 로스팅을 하기 위해서는 생두에 대한 이해와 더불어 많은 경험이 필요하다.

### (2) 생두의 평가

원산지에서 가공된 생두는 여러 경로를 거쳐 우리 손에 들어오게 되는데 준비된 생두는 로스팅하기 전 정확하게 평가하는 과정이 필요하다. 정확히 평가된 생두만이 성공적인 커피의 맛과 향을 표현할 수 있으며, 잘못된 평가는 전혀 엉뚱한 맛과 향으로 나타나기 때문이다.

### (3) 로스팅 포인트 결정

표현하고자 하는 커피 맛과 향에 가장 일치하는 로스팅 포인트를 결정한 다음 로스팅한다. 로스팅 중에는 많은 물리·화학적 변화가 일어나므로 미리 포인트를 결정하고 로스팅을 해야 성공적인 결과물을 얻을 수 있기 때문이다. 자신의 로스팅 포인트를 결정하기 위해서는 볶음 정도에 따른 맛과 향의 차이점, 볶은 후 시간 경과에 따른 맛과 향의 변화 등을 체크하도록 한다.

로스팅 등급별 맛과 향의 차이는 자신이 추구하는 커피 세계를 파악할 수 있는 좋은 방법이기 때문이다. 또한 볶은 후 시간이 경과함에 따라 맛과 향의 변화를 관찰해 보면 로스팅 포인트에 따라 맛과 향이 가장 좋은 시점을 알 수 있다.

## 2) 로스팅 과정에서 나타나는 물리적 변화

### (1) 색깔의 변화

아래의 사진과 같이, 생두를 넣고 로스팅을 시작하면 색깔이 점점 변하는데, 처음에는 녹색(green)인 생두는 노란색(yellow)으로 바뀌게 되고, 1차 크랙이 시작될 무렵 계피색(cinnamon)으로 변하게 된다. 크랙이 진행됨에 따라 옅은 갈색(light brown)에서 갈색(medium brown), 짙은 갈색(dark brown)으로 바뀌며, 최종적으로 검은색(black)이 된다. 이러한 색의 변화는 로스팅 정도를 판단하는 중요한 기준으로 사용된다.

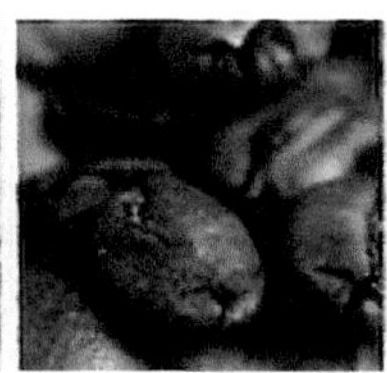
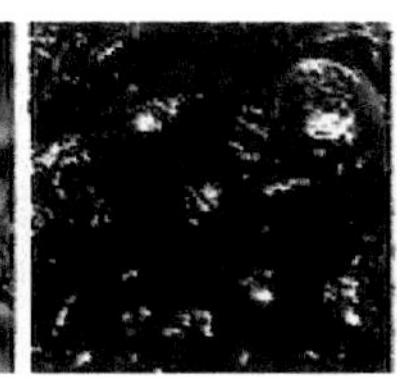

생두 색깔의 변화

### (2) 맛과 향의 변화

다음의 그림과 같이, 로스팅이 진행되면 콩 내부의 탄수화물이 분해됨에 따라 휘발성 산이 생성된다. 생성된 산은 미디엄 로스팅 단계에서 절정을 이루다가 점점 감소하게 되어 신맛이 약해진다. 특히 커피의 떫은맛에 영향을 주는 클로로겐산은 로스팅 정도에 비례해서 감소되고, 로스팅 속도에 비례해서 감소한다. 이런 현상 때문에 너무 빨리 로스팅이 끝나면 커피에서 떫은맛이 난다. 단맛은 캐러멜화와 함께 증가하는데 2차 크랙 이후 로스팅이 더 진행되면 당분이 탄화되어 탄맛이 난다.

생두를 투입하고 로스팅이 시작되면 풋내와 함께 고소한 냄새가 나다가 신향이 조금씩 생성되어 점차 신향이 강해진다. 여기서 더 진행되면 구수한 냄새가 나고 생두에 수분이 거의 없어짐과 동시에 연기냄새 같은 스모크향이 생긴다.

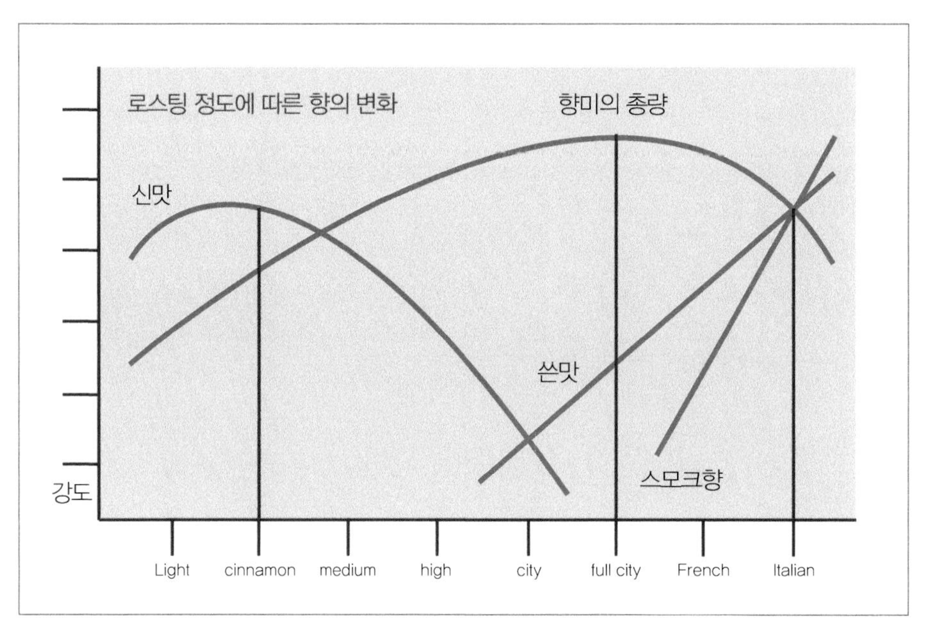


로스팅 정도에 따른 향의 변화

### (3) 모양의 변화

로스팅이 진행되면 내부의 수분이 증발되면서 표면에 주름이 생기고 콩의 크기가 작아진다. 1차 크랙 후 콩은 다공질 조직으로 바뀌며 부피가 팽창되는데 생두 상태보다 50~60%가량 커진다. 2차 크랙이 일어난 후에는 세포조직이 너무 다공질화되어 부서지기 쉬운 상태가 되며 원래 크기보다 최대 100% 팽창된다.

### (4) 무게의 변화

로스팅이 진행되면 내부의 수분이 증발되어 무게가 줄어든다. 로스팅 시간에 비례하여 줄어드는데 1차 크랙 시점에서 15~17% 정도가 줄어들고 2차 크랙 이후 18~23% 정도가 줄어든다.

로스팅 과정(무게 변화)

제8장

# 커피의 맛과 향의 표현

## 1. 커피의 맛

우리가 커피를 마실 때 느낄 수 있는 커피의 향기(aroma)와 맛(taste)의 복합적인 느낌을 플레이버(flavor), 즉 향미라고 하며, 이런 커피 플레이버에 대한 관능평가(seneory evalution)는 후각(olfaction), 미각(gustation), 입맛(mouthfeel)의 세 단계로 나뉜다.

전문가들은 생두가 약 2,000가지의 물질로 구성되어 있고, 로스팅 후 발현되는 성분이 850가지 정도라고 추정하고 있다. 따 라서 많은 물질들이 복잡하게 뒤섞인 커피를 '이런 맛이다' '이런 향이다'라고 표현하는 것은 쉽지 않다.

커피에서 느낄 수 있는 기본적인 맛은 단맛, 짠맛, 신맛, 쓴맛이다. 쓴맛의 역할은 단지 다른 세 가지 맛의 강도를 조절할 뿐이며, 예외적으로 질이 낮은 커피나 다크 로스트 커피에서 쓴맛이 지배적으로 느껴진다. 기본 맛 중 짠맛이 포함되어 있어 의외라고 느낄 수 있겠으나 원두 내의 산화 무기물, 산화칼륨, 산화인, 산화마그네슘 등에 기인하여 느껴지는 맛이다. 이 네 가지 기본 맛을 기본으로 생성되는 커피의 맛은 아래의 표와 같다.

네 가지 기본 맛(four basic tastes)

| 맛 | 원인물질 |
|---|---|
| 신맛 | · 클로로제닉산, 옥살릭산, 말릭산, 시트릭산, 타타릭산 같은 유기산에 기인한다.<br>· 아라비카종은 pH 4.9~5.1 / 로부스타종은 pH 5.2~5.6이다.<br>· 라이트-시나몬 로스트일 때 신맛이 가장 강하다. |
| 단맛 | · 환원당, 캐러멜당, 단백질 등에 기인한다.<br>· 아라비카종이 로부스타종보다 더 강하다. |
| 쓴맛 | · 알칼로이드인, 카페인과 트리고넬린, 카페익산, 퀴닉산 등의 유기산과 페놀릭 화합물에 기인한다.<br>· 로부스타종이 아라비카종보다 더 강하다. |
| 짠맛 | · 산화칼륨 |

### 1) 온도와 맛의 변화

- 단맛은 온도가 높아지면 상대적으로 약해진다.
- 짠맛은 온도가 높아지면 상대적으로 약해진다.
- 과일산은 온도 변화에 따른 영향을 받지 않아 신맛은 온도의 영향을 거의 받지 않는다.

### 2) 맛 성분

맛 성분은 주로 가용성으로 끓는 물에서 약 18~22% 추출되는 게 좋다.

## 2. 커피의 향미

### 1) 향미평가

다음의 표와 같이, 커피의 전체적 향을 부케(bouquet)라고 부르며, 프레이그런스, 아로마, 노즈, 애프터 테이스트의 네 부분으로 구성된다. 각각의 부분에서 느껴지는 향은 분명한 차이가 있으나, 한 잔의 커피 향은 다음 중 하나에 의해서만 구성되는 것이 아니고 네 부분이 조화를 이루면서 만들어지는 것이다.

당분, 아미노산, 유기산 등이 로스팅 과정을 거치며 갈변반응을 통해 향기성분으로 바뀐다. 휘발성 화합물은 중량이 0.05% 미만인 700~2.500ppm으로 매우 적은 양이나 800가지가 넘으며 가스 방출과 함께 증발되어 상온에서 시간이 지나면서 커피 향기를 잃어버린다. 아라비카종이 로부스타종보다 향이 많고 로스팅이 진행되면서 풀 시티 로스트까지 증가하나 프렌치, 이탤리언 로스트에 이르면 오히려 감소한다. 향의 종류는 아래 표와 같다.

커피 전체 향(bouquet)의 구성

| 향의 종류 | 특성 | 원인물질 | 주로 나는 향기 |
|---|---|---|---|
| Fragrance | 볶은 커피의 분쇄 향기<br>(=Dry aroma) | 에스테르 화합물 | Flower |
| Aroma | 추출커피에서 맡을 수 있는 향기<br>(=Cup aroma) | 케톤이나 알데히드 계통의 휘발성 성분 | Fruity<br>Herbal<br>Nut-like |
| Nose | 마실 때 느껴지는 향기 | 비휘발성 액체상태의 유기성분 | Candy<br>Syrup |
| After taste | 마시고 난 다음 입 뒤쪽에 느껴지는 향기(뒷맛) | 지질 같은 비용해성 액체와 수용성 고체물질 | Spicy<br>Turpeny |

### (1) 프레그런스(fragrance : 볶은 커피 향)

원두를 갈면 커피의 조직이 분쇄되면서 열이 발생한다. 이때 커피 조직 내에 있던 탄산가스가 방출되면서 향성분을 상온에서 기체상태로 함께 방출한다. Sweetly(달콤한 꽃향기), Spicy(달콤한 향신료의 톡 쏘는 향)한 향 등을 느낄 수 있다.

### (2) 아로마(aroma : 추출 커피 향)

분쇄커피가 뜨거운 물과 접촉하면 분쇄커피가 가지고 있는 향성분의 75%가 날아가버린다. 뜨거운 물의 열이 커피입자 안에 있는 유기화합물의 일부를 기화시키면서 다양한 향이 만들어지는데, 과일 향(fruity), 허브 향(herby), 너트 향(nutty) 등이 그것이다.

### (3) 노즈(nose : 마시면서 느끼는 향)

커피를 마시면 커피 액체가 입안에 있는 공기와 만나 액체 중 일부가 기화된다. 이 과정에서는 맛을 감지할 수 있을 뿐만 아니라 코에서도 향을 느낄 수 있게 되는데, 캐러멜 향(caramelly), 볶은 견과류 향(nutty), 볶은 곡류 향(malty) 등으로 다양하며, 원두의 로스팅 정도에 따라서도 변화된다.

### (4) 애프터 테이스트(aftertaste : 입안에 남는 향)

커피를 마시고 난 후 입안에서 느껴지는 향을 말하며 씨앗이나 향신료에서 나는 톡 쏘는 향 등이다. 강하게 로스팅된 커피에서는 탄 냄새(carbony), 초콜릿 향(chocolate-type) 등을 느낄 수 있다. 아래 표와 같이, 향기의 강도는 네 가지로 구분한다.

향기의 강도

| 강도 | 내용 |
|---|---|
| Rich(리치) | 풍부하면서 강한 향기(full & strong) |

| | |
|---|---|
| Full(풀) | 풍부하지만 강도가 약한 향기(full & not strong) |
| Rounded(라운디드) | 풍부하지도 않고 강하지도 않은 향기(not full & not strong) |
| Flat(플랫) | 향기가 없을 때(absence of any bouquet) |

## 2) 커피의 촉감

커피의 촉감을 보디(body)라고 한다. 입안의 촉감(coffee mouthfeel)이란 음식이나 음료를 섭취하는 과정에서 느껴지는 물리적 감각으로 부드럽다, 딱딱하다, 촉촉하다 등의 느낌을 말한다. 입안에 있는 말초신경은 커피의 점도(viscosity)와 미끈함(oiliness)을 감지하는데 이 두 가지를 집합적으로 보디(body)라고 표현한다. 커피의 경우도 마시면서 입안에서 느껴지는 느낌이 있는데, 이것은 원두 내의 지방, 고형 침전물 등에 기인한다.

① 지방함량(oiliness)에 따라, Buttery(버터리) 〉 Creamy(크리미) 〉 Smooth(스무스) 〉Watery(워터리)

② 고형성분(viscosity)의 양에 따라, Thick(식) 〉 Heavy(헤비) 〉 Light(라이트) 〉 Thin(신) 으로 표현하며,

③ 생두의 종류, 로스팅된 정도에 따라 차이가 있으며, 매우 기름진(buttery), 기름진(creamy), 진한(thick), 중후한(heavy), 부드러운(smooth), 연한(light), 묽은(thin), 매우 묽은(watery) 등으로 표현한다.

## 3) 커피의 화학적 성분

### (1) 쓴맛의 생성

• 카페인에 의한 쓴맛은 전체의 10% 정도이다.

• 카페인 함량은 로스팅을 해도 거의 일정한 값을 유지한다.

① 트리고넬린(trigonelline)

| | |
|---|---|
| 생두 | · 카페인은 약 25%의 쓴맛을 낸다.<br>· 커피뿐만 아니라 어패류와 홍조류 등에 다량 함유되어 있다.<br>· 아라비카종이 다른 종보다 비교적 많이 함유되어 있다. |
| 원두 | · 열에 불안정하여 로스팅이 진행되면 급속히 감소한다. |

② 카페인(caffeine)

| | |
|---|---|
| 생두 | · 퓨린(Purine) 염류에 속하며 재배지, 품종에 따라 함량 차이가 크다.<br>· 씨앗뿐만 아니라 잎에도 소량 함유(나무껍질과 뿌리에는 없음)되어 있다. |
| 원두 | · 카페인은 열에 안정적이어서 130℃ 이상이 되면 일부 승화하여 소실되나 대부분은 원두에 남는다. |

### (2) 탄수화물

① 유리당

| | |
|---|---|
| 생두 | · 유리당류는 원두의 갈색이나 향의 형성에 큰 영향을 미친다.<br>· 유리당류 중 자당(Sucrose)이 주성분으로 6~8% 정도 포함되어 있다.<br>· 유리당류는 아라비카종이 로부스타종보다 많이 함유되어 있다. |

| 원두 | · 유리당류는 로스팅 후에 거의 소실된다.<br>· Sucrose는 로스팅 후에 갈색 색소 향기성분으로 변화하고 나머지는 이산화탄소와 물로 사라진다. |
|---|---|

② 다당류

생두의 탄수화물 조성 (단위 : %)

| holocellulose | hemicellulose | 전분(starch) | sucrose |
|---|---|---|---|
| 18.0 | 15.0 | 10.0 | 7.0 |

| Riboflavin | 펙틴 | 환원당 | 계 |
|---|---|---|---|
| 5.0 | 2.0 | 1.0 | 57.0 |

### (3) 단백질

① 로스팅에 의해 급속히 소실된다.

② 당과 반응해서 멜라노이딘 및 향기 성분으로 변화한다.

③ 생두의 0.3~0.8%로서 원두의 향기 형성에 중요한 성분이다.

④ 일부 성분은 쓴맛 성분과 결합해서 갈색색소 성분으로 변화한다.

### (4) 지질(lipid)

아라비카종의 지질함유율은 평균 15.5%이며 로부스타종의 지질함유율은 평균 9.1%이다. 장기 저장 시 지질의 산가는 증가한다. 커피생두의 색깔도 시간이 지나면서 녹청색→옅은 녹청색→황색→갈색으로 변화한다.

## (5) 수용성 비타민

| 비타민 | 생두(mg/kg) | 원두(mg/kg) |
|---|---|---|
| Niacin | 22.0 | 93~436 |
| Thiamin | 2.1 | 0~0.7 |
| Riboflavin | 2.3 | 0.5~3.0 |
| Ascorbic acid | 460~610 | – |
| Panthothenic acid | 10.0 | 2.3 |

coffee
Coffee Barista

제9장

# 카페인과 건강

# 1. 카페인

전 세계적으로 연간 약 12만 톤의 카페인이 소비되고 있는데 약 50% 이상을 커피를 통해 섭취하며 그다음이 차로서 약 40% 정도이다. 따라서 커피 하면 제일 먼저 떠오르는 이미지가 카페인이며 실제로 커피를 마시면 심장박동이 빨라지고 손이 떨리는 등의 현상 때문에 커피를 기피하는 사람이 꽤 있다. 그러나 카페인의 섭취가 무조건 나쁜 것이 아니라 개인의 특성에 맞는 적정한 카페인 섭취는 우리 몸에 여러 가지 긍정적인 효과를 준다.

Bennett Alan Weinberg와 Bonnie K. Bealer의 공저 *The Caffeine Advantage*에 따르면 일정한 카페인 섭취는 건강에 도움을 주는데 주요한 효능은 다음과 같다.

## 1) 다이어트 효과

카페인은 다이어트에 도움이 되는데, 그 이유는 식사하기 15분 전에 카페인을 섭취하면 포만감을 빨리 느끼게 해주며 공복감을 줄여줌으로써 식욕을 억제하는 효과가 있기 때문이다. 대사비율(metabolic rate)을 향상시키며 운동효과를 높여 지방을 활발하게 연소(fat burning)시켜 체중을 감소시키는 효과가 있다. 일정한 양의 식사를 하면서 하루에 3번 진한 커피를 마시면 일 년에 약 4.5kg의 다이어트 효과가 있다.

## 2) 노화방지

카페인은 비타민 C, 비타민 E, 베타카로틴(beta carotene), 셀레늄과 같은 노화의 주원인인 활성산소(oxygen free radical)로부터 신체를 보호하는 강력한 항산화 물질(antioxidant)이다.

한 잔의 커피는 오렌지 3개에 상응하는 항산화 작용을 한다. 또한 카페인은 뇌 기능의 손상을 방지하고 복원시키는 기능을 함으로써 파킨슨병이나 알츠하이머와 같은 퇴행성 질환의 발병 위험을 줄여주고 질병의 진행을 지연시키는 효능이 있다. 또한 카페인은 장기기억능력(long-term memory)을 향상시킨다.

## 3) 항암효과

카페인은 어떤 종류의 암 발병률도 높이지 않으며 흡연물질과 종양 같은 발암물질로부터 보호기능을 수행해 여러 가지 암에 효능이 있는 것으로 조사되었다.

역학조사에 따르면, 하루에 커피를 3~4잔 마시면 유방암 발병을 상당히 줄여주고 결장암의 발병 가능성은 커피를 전혀 안 마시는 그룹에 비해 30% 정도 줄여주는 것으로 조사되었다.

## 2. 디카페인

디카페인 커피 제조의 목적은 카페인은 제거하지만 아로마와 맛은 유지하는 커피를 생산하는 데 있다. 디카페인 커피는 오늘날 원두커피뿐만 아니라 인스턴트커피 분야에서도 많이 생산되고 있다. 디카페인 커피의 추출법은 아래와 같다.

### 1) 물 추출법

1930년대 초 스위스에서 개발된 공법(Swiss water process)으로 뜨거운 물이 커피에 침투하게 한 후 카페인뿐만 아니라 커피의 플레이버 요소가 되는 여러 화합물을 포함한 물이 활성탄소를 통과하여 카페인을 제거하는 공정이다. 통과된 물이 다시 콩에 흡수된 후 증발하여 마르면 좋은 플레이버를 지닌 카페인 없는 커피를 만들게 된다. 이때 회수된 카페인은 음료수나 약품 제조를 위해 다시 쓰이게 된다. 이 방법은 클로로겐산과 같은 수용성 물질을 상실하게 만든다.

## 2) 초임계 이산화탄소 추출법

1970년대 독일의 HAG사에 의해 개발된 공법으로 초임계 이산화탄소는 많은 다른 유기화합물처럼 훌륭한 무극성의 카페인 용매이다. 그리고 카페인 추출 시 유기용매보다 더 안전하며 추출공정은 단순하다.

압력(200기압)을 받은 상태에서 온도가 초임계(critical point) 온도인 31℃를 넘어가면 $CO_2$는 초임계 상태가 되어 액체상태처럼 되며 생두에 침투하여 97~99%의 카페인을 용해하게 된다. 이렇게 용해된 카페인은 활성탄소 흡착이나 증류, 재결정, 역삼투 방식으로 분리하게 된다. 이 방법은 유해물질의 잔류문제가 없고 카페인의 선택적 추출이 가능하나 설비에 따른 비용이 많이 드는 단점이 있다.

## 3) 유기용매 추출법

먼저 생두에 압력을 가한 상태에서 증기를 쐬어준다. 이러면 콩이 부풀고 표면적이 넓어져 카페인 제거가 용이하게 된다. 다음 단계는 다시 압력을 가한 상태에서 용매의 끓는 점에 가까운 온도에서 용매를 이용하여 카페인을 제거하게 된다.

용매는 커피의 품질에 영향을 주지 않고 카페인만을 선택적으로 제거해야 하나 미량의 용매성분이 커피에 잔류하게 된다. 그러나 이러한 잔류성분은 디카페인 커피를 마시는 사람의 건강에 영향을 주지 않아 안전하다. 요즘 사용되는 용매는 에틸아세테이트(ethyl acetate)와 메틸렌 클로라이드(methylene chloride) 벤젠, 클로로폼, 트리클로로에틸렌이다. 메틸렌 클로라이드는 상대적으로 비등점이 40℃로 낮으므로 저온에서 이용할 수 있는 장점이 있다.

1985년 미국 FDA는 엄격한 조사를 한 후 디카페인 제조에 있어 메틸렌 클로라이드의 안전성을 재차 확인해 주었다. 에틸아세테이트는 안전한 식품 첨가 향미료로 디카페인의 잔류성분보다 자연상태에서 과일에 더 많이 함유되어 있다.

이외에도 유기농 커피가 있다. 유기농(organic) 인증 커피는 환경을 고려한 재배방법을 사용했음을 인증한다. 농장은 친환경적으로 지속가능한 방식인 재배순환 계획을 따라야 하며, 유전자 조작을 법적으로 금지하고 동물에 대해 친화적인 조건에서 재배되어야 한다.

미국은 OCIA(Organic Crop Improvement Association), QAI(Quality Assurance International), FVO(Farm Verified Organic)와 같은 공인 인증기관에서 유기농 인증을 받아 유기농 커피로 인증받는다.

제 10 장

# 커피 추출

# 1. 좋은 커피를 위한 조건

좋은 커피를 위한 조건은 적당량의 커피를 사용방법, 커피의 특성에 맞는 추출기구의 선택, 마실 때의 온도, 적당한 컵의 선택, 추출을 위한 물에 의해 좌우된다.

## 1) 적당량의 커피 사용

커피 1인분의 기준은 커피 10g을 물 150cc로 추출하게 되는데, 더욱 진한 커피 맛을 원할 경우 커피양을 더하거나 물의 양을 줄여 원하는 맛이 나도록 한다.

## 2) 커피 특성에 맞는 추출기구 선택

옛날에는 커피 추출방식은 원시적으로 생두를 그대로 물에 넣고 끓여 마시는 달임법만을 사용하였다. 이후, 시간이 지나면서 생두를 볶아, 분쇄하여 뜨거운 물에 그대로 담아 끓여 우려내서 마시는 일종의 터키식으로 발전되었다. 이후 19세기에 메리타 드립 방식이 고안되었으며, 이를 계기로 다른 여러 나라에서 다양한 기구를 이용한 추출법이 고안되었다.

적당한 추출기구를 선택해야 원하는 맛을 표현해 줄 수 있다. 마일드한 맛을 표현하고자 할 때는 카리타 드리퍼로 추출을 하며, 진한 맛을 원할 때는 융으로 추출을 해준다.

### 3) 마실 때의 온도

커피를 마실 때 커피온도가 너무 뜨겁거나 식으면 그 맛이 좋지 않게 느껴진다. 커피를 마시기에 적당한 온도는 65~70℃로 알려져 있다.

### 4) 적당한 컵의 선택

마일드한 커피를 마실 때는 테두리가 넓은 컵이나 두께가 얇은 컵을 사용하며, 쓴맛이 강한 커피를 마실 때는 일직선 타입의 컵과 두께가 두꺼운 컵을 사용해야 그 맛을 더 잘 느낄 수가 있다. 이는 컵이 혀에 닿았을 때 맛을 느끼는 부위가 다르기 때문이며, 쓴맛의 커피는 아무래도 마시는 양이 마일드한 커피보다 적으므로 용량이 작은 일직선의 컵을 사용하게 되는 것이다.

### 5) 추출을 위한 물

물은 커피의 맛과 향기를 결정하는 가장 주요한 요인 중 하나이다. 그러므로 커피 추출에 사용되는 물의 상태와 종류는 매우 중요하다. 일반적으로 커피 추출을 위한 물은 이산화탄소가 다소 남아 있는 물이 커피 맛을 가장 좋게 한다고 알려져 있다.

커피의 산패는 커피가 공기 중의 산소와 결합하여 산화로 인해 맛과 향이 변하는 것이다. 커피의 보관방법은 공기와의 접촉을 최소화하고 개봉 후 빨리 사용해야 하며 작은 용기에  나누어 보관해야 한다.

옛날 커피 보관 용기

# 2. 추출기구와 추출방법

## 1) 추출이란?

추출의 3대 원리는 침투, 용해, 분리이다. 추출이란 잘게 분쇄된 원두를 물을 이용하여 여러 성분을 뽑아내는 과정을 말한다. 커피의 맛과 향기는 향미라고 하며 이 향미성분들은 향기, 맛, 중후함 그리고 색깔 등 커피의 관능적 특성을 나타낸다.

좋은 추출은 향미성분 중 나쁜 향미는 최소화하고, 양질의 향미는 최대로 뽑아내는 것이라 할 수 있다. 원두에 있는 수백여 종의 향미성분은 물의 온도, 추출시간, 콩의 종류, 볶은 상태, 분쇄 정도 등에 따라 다르게 표현되며 많은 차이를 가지게 된다.

## 2) 추출방법

### (1) 침지식과 여과식

커피를 추출하는 방식은 크게 나누면 우려내는 '침지식'과 분쇄커피를 걸러내는 '여과식'으로 나눌 수 있다. 이를 알기 쉽게 표현하면 다음의 그림과 같다.

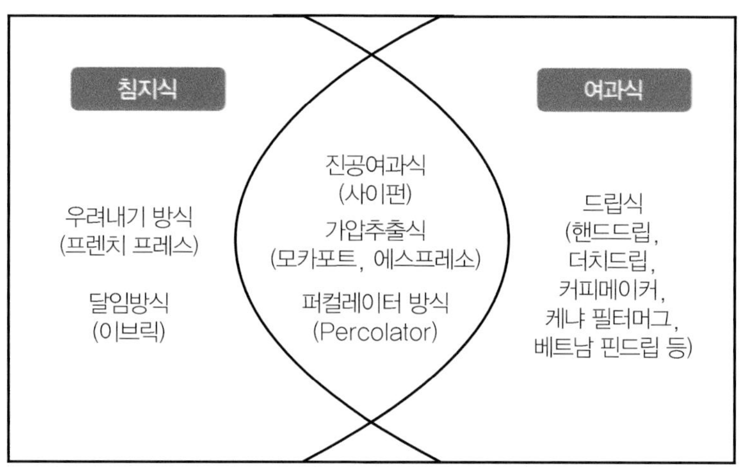

커피 추출방식

① 침지식

가. 달임법

끓는 물에 분쇄된 커피가루를 넣고 짧은 시간 가루를 침전시켜 위에 떠 있는 커피를 마시는 방법으로 터키식 커피 또는 이브릭이라 한다. 이브릭은 최초의 터키식 커피기구이며 체즈베(cezve)라고도 한다. 커피를 물에 직접 끓여서 마시기 때문에 가장 곱게 갈아야 하며 강한 보디감도 느낄 수 있다.

이브릭

나. 우려내기

분쇄된 커피가루에 뜨거운 물을 부으면 커피액이 용해되어 나오는 추출기구로 프렌치프레스가 있다.

프렌치프레스

② 여과법

여과용 필터에 커피가루를 넣고 그 위에 뜨거운 물을 붓는다.(페이퍼 드립, 융 드립, 전기식 커피메이커, 핸드드립, 더치드립, 베트남 핀드립)

### (2) 진공식 추출법

증기압력을 이용해서 추출한다. 원래 이름은 배큐엄 브루어(vacuum brewer)이며 사이펀은 일본에서 사용되는 이름이다. 추출 시 번거로움은 있으나 시각적인 효과가 뛰어나 연출효과가 좋다. 끓이는 연료로는 알코올램프, 할로겐램프, 가스를 사용한다.

사이펀(Siphon)

## (3) 가압추출법

### ① 모카포트

증기압에 의해 커피를 추출하는 방식이다. 이탈리아에서는 스토브 톱(stove-top)이라고 한다. 알루미늄 재질보다는 스테인리스 스틸의 재질이 녹이 슬지 않아 좋다.

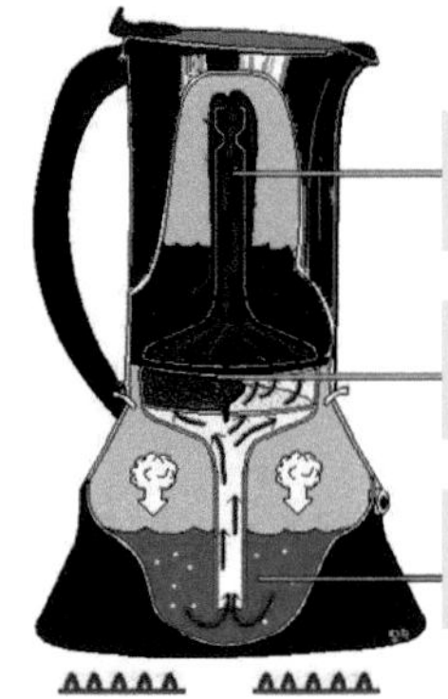


모카포트

② 에스프레소 머신

에스프레소 머신은 커피 추출 시 90℃의 물과 9기압을 유지시켜 주어 분쇄된 커피가루를 통과하여 농축액을 추출하는 기계이다. 1900년대 초 루이지 베제라(Luigi Bezzera)가 에스프레소 머신의 특허를 출원하였으며 가지아(Gaggia) 가트가 오늘날의 에스프레소 머신의 형태로 특허를 받았다.

에스프레소 머신

③ 핸드드립

커피를 추출하는 방법 중 필터에 분쇄된 커피가루를 담고 뜨거운 물을 부어 커피를 추출하는 방식이 드립(drip)방식인데 커피메이커 등의 기계를 이용하는 방법을 오토드립(auto drip)이라 한다.

핸드드립은 드립포트(drip pot)와 드리퍼(dripper)를 사용하여 커피를 추출하는 방법을 말하는데 멜리타(melita), 칼리타(kalita) 드리퍼를 이용한 페이퍼드립이나 융 추출방법을 의미하며 넓은 의미로 에스프레소와 대칭적인 뜻으로 사용되기도 한다.

여러 가지 추출기구

C o f f e e   B a r i s t a

제11장

# 핸드드립

## 1. 핸드드립 개요

이브릭에 커피가루와 물을 넣고 달여서 먹는 진하고 텁텁한 터키식 커피가 유럽에 상륙하였을 당시, 초기에는 그대로 음용되었으나 좀 더 깔끔한 커피, 즉 가루는 분리해 내고 커피액만을 마시기 원하는 유럽인들에 의해 새로운 추출기구들이 발명되었다. 그렇게 개발된 것 중 하나가 핸드드립이다. 핸드드립은 여과 필터에 분쇄한 원두를 넣고 뜨거운 물을 주입하여 커피액을 추출해 내는 방식이다. 처음 사용된 여과필터는 융(천의 일종), 플란넬이었다고 한다. 융은 보관하고 관리하는 데 어려움이 따라서 후에 종이 필터가 개발되었는데, 현재도 가장 보편적으로 사용되고 있다.

한편 핸드드립 방식은 일본으로 건너가 크게 발전하게 되었다. 많은 일본의 가정에서 핸드드립 방식으로 커피를 추출하면서 다양한 여과필터들이 개발되었다. 또한 핸드드립 방식으로만 추출한 커피를 판매하는 커피숍들이 많아졌다. 현재는 그 역사가 50년 이상 된 곳도 있으며, 커피숍 운영자들에 의해 얻어진 추출 노하우를 공개하는 서적들을 쉽게 찾아볼 수 있다. 그런데 이 추출기법에는 학문적 이론이나 정설이 있는 것이 아니다. 반복하여 추출하면서 얻어진 자기만의 경험치이다. 따라서 커피숍마다 사용하는 드리퍼와 추출하는 방법이 다르다. 먼저 핸드드립 방식으로 커피를 추출하기 위해서는 다음과 같은 도구가 필요하다.

핸드드립 장면

# 2. 원두 분쇄도구

## 1) 절구

커피 추출 시에는 보통 분쇄된 원두를 사용한다. 과거에는 절구에 원두 알을 넣고 빻아서 분쇄하였고, 아프리카의 여러 나라에서는 아직도 그 방법을 사용하고 있다고 한다.

## 2) 전동 그라인더

현재 대부분은 전동 그라인더를 사용하고 있고, 판매 회사에 따라 종류도 다양하다. 전동 그라인더의 장점은 기계 내부의 정기적인 청결 관리에 신경쓰면서 관리하면 항상 커피를 고르게 분쇄할 수 있다는 것이다.

## 3) 핸드 밀

핸드 밀의 경우, 장식용으로 쓸 수 있다는 것과 가격이 저렴하다는 장점이 있으나, 고른 입도를 유지하는 것을 기대하기 어렵다.

전동 그라인더

핸드 밀

## 3. 원두 분쇄 시 주의사항

### 1) 분쇄 입도

커피를 분쇄하는 이유는 다음과 같다. 커피를 잘게 부수면 표면적이 넓어져서 물이 원두가루를 쉽게 통과하게 되고, 커피 고유의 성분들이 비교적 용이하게 추출될 수 있다. 그렇다면 어느 정도의 입도 굵기로 분쇄하는 것이 바람직할까? 같은 입도로 분쇄하는 것이 아니라 각각의 추출기구 특성에 맞게 입도를 달리해야 한다. 일반적으로 핸드드립의 경우는 0.5~0.1mm, 에스프레소 머신은 0.3mm 이하, 사이펀은 0.5mm, 프렌치 프레스는 1.0mm 이상이다.

## 2) 분쇄 입도와 시간

'굵게 분쇄한 커피의 추출시간은 길게, 가늘게 분쇄한 커피는 짧게 해야 한다.' 분쇄 입도가 추출기구마다 다른 이유는 이 때문이다. 다시 말해, 굵게 분쇄된 커피는 입도가 굵으므로 커피성분이 추출되는 시간이 길 수밖에 없다. 반면 가는 커피는 표면적이 넓어 쉽게 추출된다. 즉, 짧은 시간에도 고유의 성분이 충분히 추출될 수 있다는 뜻이다. 가늘게 분쇄한 커피를 오랜 시간 추출해 보자. 당연히 쓴맛과 떫은맛이 과다하게 추출되어 텁텁한 커피가 된다.

에스프레소 머신으로 1인분의 커피를 추출할 경우 약 25~30초, 한편 핸드드립은 약 3분 정도가 소요된다. 에스프레소 머신으로 추출 시 굵은 입도의 원두를 사용한다면 30초 내에 커피성분을 원하는 만큼 우려내기 힘들다. 강한 압력을 가함에도 불구하고 말이다.

반면 핸드드립의 경우, 밀가루 정도로 가는 굵기의 원두를 사용하면 진흙에 물을 붓는 것과 같은 현상이 나타난다. 추출과정이 힘들 뿐 아니라, 추출도 잘 되지 않고, 시간도 오래 걸려 쓴맛만 강하고 텁텁한 커피가 된다. 따라서 분쇄 입도는 시간과 커피 맛에 지대한 영향을 미친다.

## 3) 입도의 고르기

분쇄 입도가 고를수록 가용성 성분이 빠르게 추출되어 맛과 향기가 신선하고, 떫고 쓴맛이 덜 추출된다. 입도가 너무 작거나 고르지 않으면 물이 커피층을 통과하는 데 시간이 오래 걸려 추출속도가 늦어지고, 쓴맛이 많이 추출된다.

### 4) 추출 직전 분쇄

가능하다면 추출 직전에 원두를 분쇄하는 것이 좋다. 미리 원두를 갈아 놓으면 향기성분이 날아가기 때문이다. 사실 로스팅한 직후부터 커피의 향은 날아간다. 그러나 분쇄한 커피와 분쇄하지 않은 커피를 비교해 보면, 분쇄한 커피가 표면적이 더 크므로 쉽게 향기가 날아감을 알 수 있다. 따라서 커피 고유의 신선한 향을 즐기고 싶다면 추출 직전에 분쇄해야 한다.

### 5) 분쇄 시 유의점

추출하고자 하는 기구의 특성에 알맞은 크기의 입자로 분쇄해야 하며, 미분은 분쇄 시 발생되는 세포벽 파편으로서 좋지 않은 맛의 원인이 되므로 되도록 발생하지 않도록 해야 한다. 또한 분쇄 시 발생하는 열은 커피의 맛과 향을 변질시키므로 열의 발생을 최소화해야 하며 입도가 고르지 못하면 커피 입자마다 물과 접촉하는 면적의 차이로 융해속도가 달라지고 이로 인해 커피 맛이 일정하지 않게 된다.

# 4. 핸드드립 도구

## 1) 드립 포트

드립포트(drip pot)란 분쇄 원두에 물을 붓는 주전자를 말하며, '어떻게 물줄기를 주입하는가'에 따라 커피 맛이 많이 달라진다. 다시 말해, 분쇄된 원두에 물을 균일하게 적셔주어야 가용성 성분이 잘 용해되어 균형 잡힌 맛을 이룬다는 뜻이다. 만약 한쪽으로만 치우쳐서 너무 많은 물을 주입한다든지 아예 물이 주입되지 못하는 부분이 발생한다면 커피 맛이 약하고 균형감이 상실된다.

그런데 일반적으로 드립 전용 주전자는 물의 배출구 부분이 좁고 길어 사용자가 물줄기를 조절하기에 용이하다. 일반 주전자도 사용할 수는 있으나 물 배출구 부분이 뭉뚝하고 굵으므로 물줄기를 조절하기가 힘들다. 따라서 되도록 전용 주전자를 사용하는 편이 바람직하다. 제조회사에 따라 주전자 모양과 크기가 다양하고 재질도 조금씩 다르나, 장단점을 잘 파악하여 사용자가 손에 익을 수 있도록 여러 번 연습하는 것이 필요하다.

드립 포트

## 2) 드리퍼

드리퍼(dripper)는 여과지를 올려놓고 분쇄된 커피를 담는 기구를 말하며, 각 형태에 따라 같은 커피를 사용하여 추출해도 커피의 맛이 달라지므로 종류별로 그 특성을 이해해야 원활한 추출이 이루어진다. 드리퍼는 원두를 여과해 내는 도구로서 과거에는 융 드리퍼가 사용되었으나 현재는 페이퍼 드리퍼가 주로 사용된다.

'융'은 플란넬이라는 천의 일종이다. 융 드리퍼의 장점은 추출 시 커피의 지방 성분을 흡착하지 않아 강한 보디감을 느낄 수 있도록 한다는 것이다. 그러나 사용 후에는 항상 삶은 뒤 찬물에 보관해야 하는 어려움이 있으므로 현재는 많이 사용되지 않는다.

이와 같은 불편함 때문에 개발된 것이 페이퍼 드리퍼이다. 융은 손잡이를 잡고 추출해야 하는 단점이 있으므로 일반적으로 전용 삼발이를 사용하기도 한다. 페이퍼 드리퍼는 플라스틱, 도기, 금속 등 재질이 다양한데, 가장 보편적으로 사용되는 것은 플라스틱이다. 도기와 금속은 추출 시 온도를 유지할 수 있다는 장점이 있으나, 플라스틱보다는 고가이다.

커피양을 얼마만큼 추출할 것인가에 따라 1~2인용, 3~4인용, 5~8인용 등 크기도 다양하다. 우리나라에서 일반적으로 사용하는 것들은 멜리타, 칼리타, 코노, 하리오이다.

핸드드립 세트

### (1) 리브(rib)

드리퍼 내부의 요철을 말하여 물을 부었을 때 공기가 빠져나가는 통로 역할을 해준다.

### (2) 드리퍼의 종류

드리퍼의 종류

| 명칭 | 추출구 | 특징 |
|---|---|---|
| 멜리타(melita) | 1개 | 추출구가 한 개이며 전체 폭이 약간 크고 칼리타에 비해 경사가 가파르다. |
| 칼리타(kalita) | 3개 | 추출구가 세 개이며 리브가 촘촘하게 설계되어 있다. |
| 코노(kono) | 1개 | 추출구가 한 개로 원추형이며 리브의 수가 적고 높이가 드리퍼 중간까지만 있다. |
| 하리오(hario) | 1개 | kono와 유사한 형태로 리브가 나선형이며 드리퍼 끝까지 있다. |

#### ① 멜리타(melita)

멜리타의 경우 독일인 멜리타 여사가 처음 발명한 것으로, 드리퍼 안에 커피가 추출되는 구멍이 1개이다. 바닥은 약간의 경사가 있고, 리브의 길이는 짧은 것이 처음의 모습이었으나 현재는 리브를 길게도 사용한다.

멜리타

② 칼리타(kalita)

칼리타는 멜리타의 단점을 보완하여 일본에서 개발된 것으로 추출구는 3개이고, 바닥은 수평이며, 리브는 드리퍼 끝까지 올라와 있다. 추출시간은 멜리타에 비해 빠르다.

칼리타

③ 코노(kono)

고노는 융 드리퍼의 모양을 본떠서 만든 것으로, 추출되는 구멍은 1개이며, 크기가 크고 추출되는 속도도 빠르다. 한편 다른 드리퍼에 비해 좀 더 부드러우면서도 강한 보디감과 진한 맛의 커피를 추출할 수 있다.

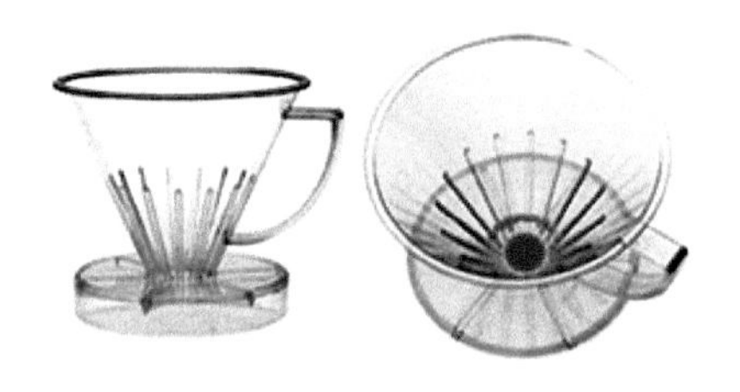

코노

④ 하리오(hario)

코노와 유사한 형태로 리브가 나선형이며 드리퍼 끝까지 있다.

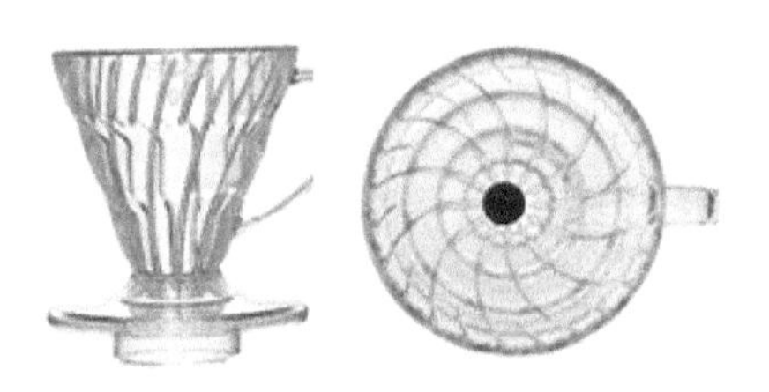

하리오

### (3) 여과지(종이 필터)

드리퍼의 모양과 크기에 따라 전용 여과지도 각기 다르다. 재질에 따라서는 누런색의 천연펄프 여과지와 흰색의 표백 여과지가 있다. 과거 미국에서 여과지를 표백시키는 표백용 염소가 펄프성분과 결합하여 다이옥신을 만들어낸다는 발표가 있었다. 그 후 표백 여과지의 소비는 급격히 줄고 천연펄프 여과지 소비가 급

증하였다. 인체에는 무해하다는 결과가 나오기는 했으나, 천연펄프 여과지에서 추출 시 펄프 맛이 난다는 부정적인 면이 있음에도 불구하고 많이 사용되고 있다.

종이 필터

### (4) 서버

서버(server)란 드리퍼 밑에 놓고 추출된 커피액을 받아내는 용기이다. 커피숍의 경우 추출되는 양을 측정할 수 있도록 눈금이 있는 용기를 주로 사용한다. 그러나 가정에서는 컵에 직접 추출액을 받는 것도 무방하다. 전용 용기는 유리, 플라스틱 등 재질이 다양하다.

### (5) 온도계

핸드드립 시 고려해야 할 중요한 요인 중 하나가 물의 온도이다. 같은 원두를 사용할 경우 물의 온도가 낮으면 신맛과 떫은맛이 강해지고, 높으면 쓴맛과 날카로운 맛이 강해진다. 따라서 물의 온도는 로스팅 정도를 고려하여 조절하는 것이 바람직한데, 일반적으로 약배전은 89~92℃, 중배전은 85~88℃, 강배전은 80~84℃ 정도가 적합하다.

한편 추출 직전의 물의 온도와 추출되어 나온 커피액의 온도를 비교해 보면 15~18℃의 차이가 있음을 알 수 있다. 예를 들어, 90℃의 물로 추출했다고 한다면, 마시기 직전 커피의 온도는 약 72~75℃ 정도가 된다는 뜻이다. 따라서 약 15~18℃의 차이를 감안하고 추출 온도를 잡도록 한다.

### (6) 스톱워치

스톱워치(stop watch)는 커피 추출시간 측정에 사용된다. 바람직한 추출시간은 2인분 이하일 경우 3분 이내, 5인분은 5분 이내이다. 단시간에 추출한 커피는 균형감이 상실되고, 시간이 길어지면 쓰고 텁텁한 커피가 된다. 균형감이 없다는 뜻은 단맛, 새콤한 맛, 쓴맛 등이 조화를 이루지 못하고, 농도도 약하며, 가벼운 커피가 된다는 것이다. 앞에서 언급한 바와 같이 향기성분, 달콤한 맛, 새콤한 맛 등을 내는 성분들은 먼저 추출되고, 쓴맛, 떫은맛을 내는 성분들은 나중에 추출된다. 그렇다면 맛있는 성분만을 추출하기 위해 주전자로 물줄기를 굵게 하고 단시간에  추출해서 마셨을 때 쉽게 느낄 수 있는 사실은 균형감이 없는 커피가 만들어진다는 것이다.

일반적으로 맛있는 성분만이 커피의 맛을 향상시킨다고 생각할 수 있으나, 맛있는 성분과 쓴맛, 떫은맛 등이 조화를 잘 이루어야 좋은 커피를 만들 수 있다. 한편 추출시간이 길어져 쓴맛, 떫은맛 등이 너무 과다하게 추출되면 텁텁한 커피가 되어버린다. 추출시간을 잘 조절하는 것은 커피 맛과 농도에 중요한 영향을 미친다.

## (7) 계량스푼

계량스푼은 커피의 정확한 양을 측정하기 위해 사용된다. 한 잔의 커피를 위해서는 보통 원두 10g을 사용하여 150mg의 커피를 추출한다. 그러나 원칙이 정해진 것은 아니고 얼마든지 조절할 수 있다. 예를 들면, 10g의 원두를 사용하여 200mg의 커피와 100mg의 커피를 각각 추출했다고 가정해 보자. 전자의 경우 농도가 약하고 부드러운 커피가 추출될 것이고, 후자의 경우는 진하고 풍부한 커피가 추출될 것이다. 마시는 사람의 기호에 따라 전자의 커피를 좋아하는 사람, 후자의 커피를 좋아하는 사람이 다를 것이다. 따라서 어떤 비율로 추출할 것인가 하는 것은 추출하는 사람의 선택이다. 중요한 것은 여러 번 추출하여 자신의 입맛에 맞는 '사용 원두량과 추출량'을 찾아내는 것이다.

〈서버〉 〈온도계〉

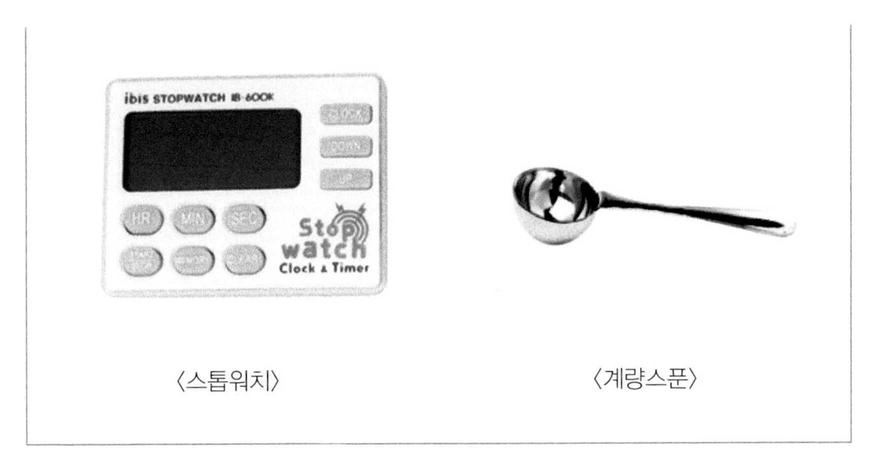


〈스톱워치〉 〈계량스푼〉

핸드드립 도구들

# 5. 추출과정

## 1) 커피 추출과정

앞에서 설명한 바와 같이, 드리퍼 종류는 다양하다. 또한 같은 드리퍼를 사용한다 해도 추출하는 사람에 따라 방법도 여러 가지이다.

■ **칼리타를 이용하여 약 10g의 커피로 150mg의 커피를 추출하는 과정**

① 드리퍼에 종이 필터 끼우기

② 원두를 분쇄하여 드리퍼에 붓기

분쇄한 원두가 평평하게 되도록 드리퍼를 살짝 쳐준다. 물을 균일하게 주입하기 위해서는 표면이 고른 상태를 유지해야 하기 때문이다.

③ 물을 끓여 드립 포트에 붓기

'몇 잔을 추출할 것인가'에 따라 사용해야 하는 드립 포트의 크기와 물의 양이 달라진다. 여러 잔을 추출하려 한다면 당연히 용량이 큰 드립 포트와 많은 물이 필요하다. 포트에는 물을 8부 정도 채운 후 추출하는 것이 바람직하다. 반 정도만 채우고 추출하면 추출 도중 물줄기가 갑자기 끊어지기도 하고 너무 많이 나오기도 하는 등 조절이 잘 되지 않기 때문이다. 따라서 비록 한 잔을 추출한다 하더라도 최소한 8부 정도의 물을 붓도록 한다.

④ 추출하고자 하는 온도로 물의 온도 낮추기

먼저 드립 포트에 온도계를 꽂는다. 다음 뜨거운 물은 서버로 옮겨 붓고 서버에서 드립 포트로, 드립 포트에서 다시 서버로 몇 차례 반복하여 원하는 추출온도를 맞춘다. 이런 과정을 거치는 것은 물론 물의 온도를 낮추기 위해서이기도 하나 서버를 예열하기 위한 목적도 있다. 드리퍼에서 추출되는 뜨거운 커피 추출액이 차가운 서버에 떨어졌다고 생각해 보자. 약 2~3℃ 정도의 온도가 더 내려가면 맛에 민감하게 영향을 줄 수 있다.

⑤ 뜸 들이기

본격적인 추출에 앞서 소량의 물을 주입하여 커피가루에 뜸을 들이는 단계이다. 뜸 들이기의 목적은 다음과 같다.

첫째, 추출 전 커피가루를 충분히 불려 커피가 가진 고유의 성분을 원활하게 추출할 수 있도록 한다.

둘째, 커피 내의 탄산가스와 공기를 빼내어 물이 쉽게 흐를 수 있는 길을 만들어준다.

그렇다면 얼마만큼의 물을, 어떤 방식으로 부어주어야 하는 것일까? 몇 가지 방법이 있는데, 점법, 8점법, 나선형법 등이 대표적이다.

⑥ 추출

뜸을 들였다면 본격적으로 추출에 들어간다. 추출은 약 4회로 나누어 하는 것이 바람직하다. 1차 추출이 들어가는 시점은 탄산가스에 의해 부풀었던 커피가루가 평평하게 되는 시점이다.

평평하게 되기까지 소요되는 시간은 약 20~30초 정도이다. 그러나 이것은 신선한 커피일 경우이며, 커피의 신선도, 로스팅된 정도에 따라 달라지므로 정확히 단정 짓기는 어렵다. 오래된 커피는 부풀지 않으므로 뜸을 들인 후 바로 추출에 들어가도록 하며, 많은 양의 물을 한꺼번에 붓지 않도록 한다.

추출에도 여러 방법이 있으나, 칼리타의 경우는 나선형 방식으로 추출하는 것이 보편적이다. 주전자의 높이는 최대한 낮게 한다. 물은 골고루 부어야 하며, 면적은 되도록 넓게 한다. 또한 커피가루에만 부어야 하며, 종이 필터에 물이 직접 닿지 않도록 주의한다. 1차 추출이 끝나고 커피가루가 다시 평평해지면 2차 추출에 들어가며, 3차와 4차도 같은 방법으로 한다.

추출과정

## 2) 뜸 들이는 법

점법, 8점법, 나선형법 등 어떤 방법이든지 주의할 점은, 물을 커피가루에 얹어준다는 기분으로 주입해야 한다는 것이다.

### (1) 점법

점법은 커피가루 전체에 물을 골고루 한 방울씩 떨어뜨려 뜸을 들이는 식이다. 물을 커피가루 위에 점을 찍듯이 붓는다. 여러 차례 나누어 부으며, 골고루 적셔질 수 있도록 한다.

### (2) 8점법

8점법은 중심을 기점으로 소량의 물을 8회에 나누어 부어 뜸 들이는 방식이다. 드리퍼의 중심을 기점으로 8회에 나누어 물을 붓되, 한쪽으로 치우치지 않도록 주의한다.

### (3) 나선형법

나선형법은 드리퍼의 중심에서 시작하여 바깥쪽으로 '나선형'을 그리며 물줄기를 필터에 붓는다. 물줄기가 종이 필터에까지 닿으면 종이 맛이 우러날 수 있으므로 주의한다.

### (4) 뜸 들일 때 주입하는 물의 양

주입 후 드리퍼에서 추출액이 '몇 방울만 똑똑' 떨어질 정도로 붓는다. 사용하는 원두의 양이 많으면 주입하는 물의 양도 많아지고, 적으면 주입하는 물의 양도 적어진다. 단, 주입하는 물의 양은 추출한 커피액의 10%를 넘지 않도록 한다. 물을 너무 많이 주입한 경우에는 드리퍼를 통해 주르르 흘러나오게 되는데, 이것은 뜸이라기보다 추출이 바로 시작되었다고 할 수 있다. 이 같은 경우를 '과다 뜸'이라 부른다. 한편 적게 주입한 경우는 커피가루를 충분히 적시지 못하게 되는데 이를 '과소 뜸'이라고 한다. 두 가지 모두 바람직하지 않다. 커피가루를 불려주는 과정이 불완전하므로 커피성분이 충분히 우러나오기 힘들기 때문이다.

뜸을 들이게 되면 나타나는 현상은 신선한 커피의 경우는 많이 부풀어 오르고, 오래된 커피의 경우는 전혀 변화가 없다. 이유는 탄산가스 때문이다. 신선하면 신선할수록 탄산가스를 많이 함유하고 있어 그것에 의해 부풀어 오르는 것이다.

뜸 들이는 장면

## 3) 추출방식

### (1) 나선형

① 드리퍼의 중심에서부터 시작하여 바깥쪽으로 나선형을 그리며 물을 붓는다.

② 바깥쪽까지 나갔다면 다시 나선형을 유지하면서 중심을 향해 물을 붓다가 멈춘다.

③ 원하는 양의 커피를 얻을 때까지 4회로 나누어 추출한다. 앞에서 언급한 바와 같이 종이 필터까지 적시면 종이의 맛이 묻어날 수 있으므로 주의한다.

### (2) 스프링

① 드리퍼의 중심을 기점으로 스프링 모양을 유지하면서 시계 방향으로 추출한다.

② 역시 원하는 커피 양을 얻을 때까지 약 4회로 나누어 추출한다.

### (3) 동전식

드리퍼의 중심에서 시작하여 500원 짜리 동전의 넓이를 유지하면서 지속적으로 물을 붓는다.

제12장

# 에스프레소

# 1. 에스프레소란?

## 1) 에스프레소의 유래

에스프레소 방식이 개발되기 전까지 사람들은 금속이나 천을 이용한 드립방식의 필터 커피를 즐겼는데 추출시간이 너무 오래 걸린다는 단점이 있었다. 이에 따라 단순히 중력을 이용하는 것이 아니라 다른 방식의 추출방법이 필요하였는데 증기압을 이용한 커피 기계가 산타이스에 의해 개발되어 1855년 파리 만국박람회에 선보이게 된다. 이 기계는 1시간에 약 2,000잔의 커피를 추출할 수 있었다고 한다. 그러나 이 기계는 너무 복잡하고 조작이 어려워 널리 보급되지 못하였다.

## 2) 에스프레소의 정의

- 이태리어로 '빠르다'라는 어원을 가지고 있다.
- 투입량 : 7~9g
- 추출시간 : 20~30sec
- 추출량 : 20~30ml
- 추출온도 : 90~95℃
- 추출기압 : 9bar
- 크레마 : 3~4mm

에스프레소 추출장면

# 2. 에스프레소 머신

## 1) 수동머신

최근에는 에스프레소에 대한 수요가 많아졌으며 그에 따라 누구나 편리하게 사용할 수 있도록 분쇄 커피가 담긴 캡슐(capsule)형 머신이나 POD커피 머신도 출시되어 가정이나 사무실용 등으로 많이 사용되고 있다.

수동머신

## 2) 반자동 머신

① 보일러(boiler)

보일러는 열선이 내장되어 있어 전기로 물을 가열하여 온수와 스팀을 공급하는 중요한 역할을 하는데 70%가 물로 채워지며 나머지 30%의 공간에 스팀이 채워지도록 설계되어 있으며, 보일러 물의 온도는 90~95℃, 스팀의 압력은 0.8~1.2bar를 유지해야 한다.

② 그룹헤드(group head)

그룹헤드는 에스프레소 추출을 위해 물이 공급되는 부분으로 포타필터를 장착하는 곳을 말한다.

③ 포타필터(porta filter)

분쇄된 커피를 담아 그룹헤드에 장착시키는 기구를 말한다.

④ 펌프 모터

수돗물의 압력은 1~2bar 정도인데 이 정도의 압력으로 에스프레소를 추출하기 어려우므로 펌프 모터에서 이 압력을 7~9bar까지 상승시켜 주는 역할을 한다.

⑤ 플로미터(flowmeter, 유량계)

플로미터는 자석의 회전수를 감지하여 커피 추출물량을 감지해 주는 부품으로 이 부품이 고장 나면 커피 추출물량이 제대로 조절되지 않게 된다.

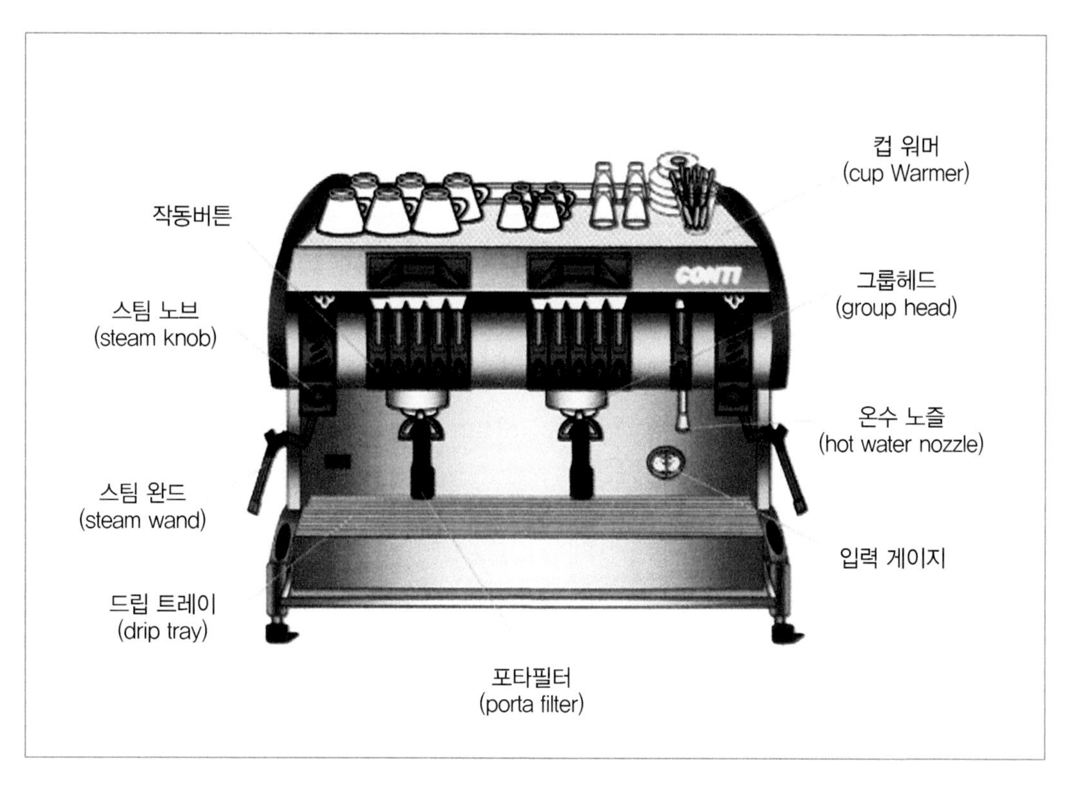
컵 워머
(cup Warmer)
작동버튼
CONTI
그룹헤드
(group head)
스팀 노브
(steam knob)
온수 노즐
(hot water nozzle)
스팀 완드
(steam wand)
입력 게이지
드립 트레이
(drip tray)
포타필터
(porta filter)

에스프레소 머신의 구조

호퍼
(hopper)
입자 조절
손잡이
도저
(doser)
포타필터 받침대
커피 추출 레버
작동 스위치
(on/off switch)
받침대
(drip tray)

그라인더

# 3. 에스프레소 추출과정

## 1) 올바른 에스프레소 추출의 조건

- p.H : 5.2
- 추출시간 : 20~30sec
- 물의 온도 : 90~95℃
- 원두량 : 7~9g
- 추출압력 : 9bar
- 탬핑 압력 : 15㎏

## 2) 추출과정

① 포타필터 분리 / 물기 제거

② 분쇄 & 커피 받기

③ 커피 고르기(leveling)

④ 패킹(packing)

- 1차 탬핑(tamping)
- 태핑
- 2차 탬핑
- 가장자리 털어주기

⑤ 추출 전 물 흘리기(purging)

⑥ 포타필터 결합

⑦ 추출

- 추출버튼 누르기
- 컵 내리기

⑧ 포타필터 청소 / 그룹 장착

- 커피 케이크 제거
- 포타필터 물청소
- 포타필터 그룹에 장착

# 4. 에스프레소를 이용한 다양한 메뉴

## 1) 따뜻한 커피 메뉴

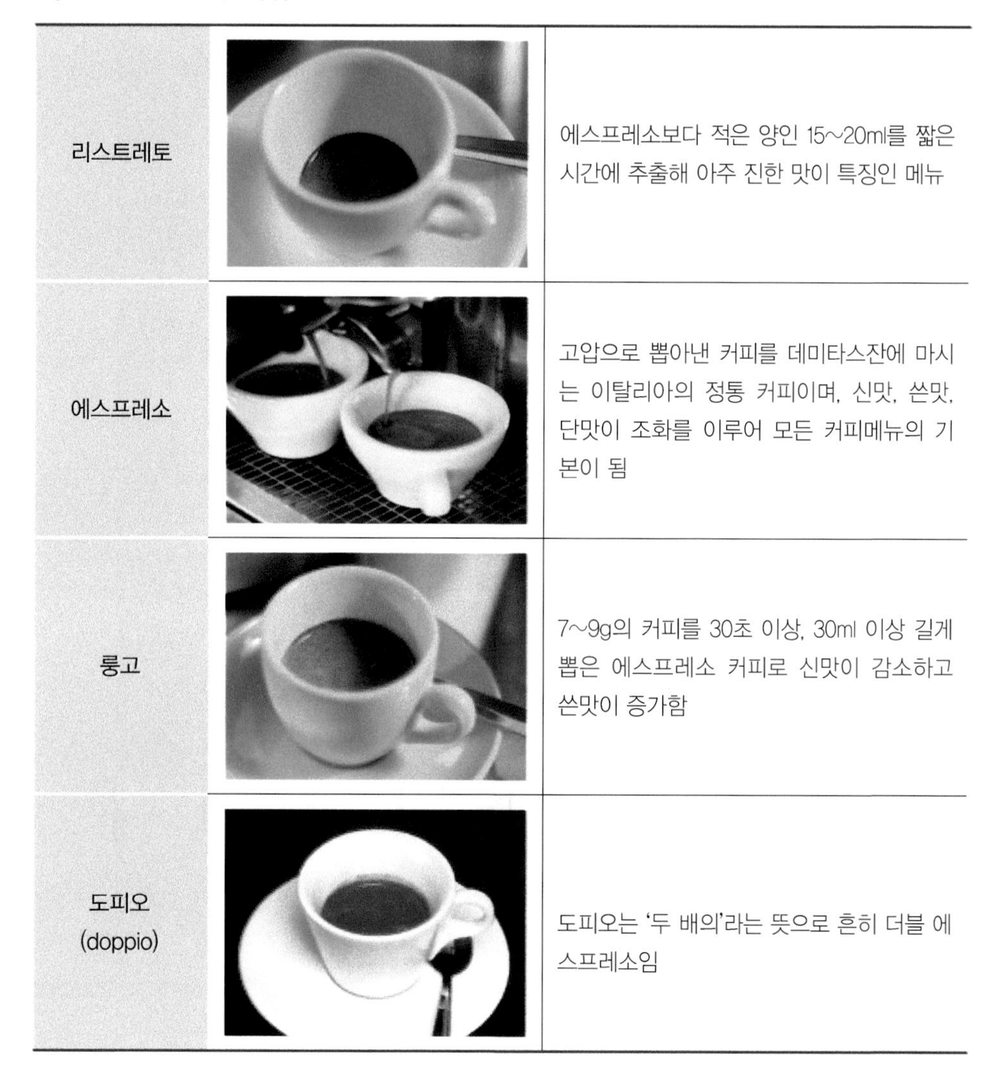

|  |  |
|---|---|
| 리스트레토 | 에스프레소보다 적은 양인 15~20ml를 짧은 시간에 추출해 아주 진한 맛이 특징인 메뉴 |
| 에스프레소 | 고압으로 뽑아낸 커피를 데미타스잔에 마시는 이탈리아의 정통 커피이며, 신맛, 쓴맛, 단맛이 조화를 이루어 모든 커피메뉴의 기본이 됨 |
| 룽고 | 7~9g의 커피를 30초 이상, 30ml 이상 길게 뽑은 에스프레소 커피로 신맛이 감소하고 쓴맛이 증가함 |
| 도피오 (doppio) | 도피오는 '두 배의'라는 뜻으로 흔히 더블 에스프레소임 |

| | | |
|---|---|---|
| 캐러멜<br>마키아토 | | 에스프레소에 캐러멜소스를 넣고 스팀우유를 부어줌 |
| 카페 라떼 | | 라떼란 '우유'라는 뜻으로 우유에 커피를 섞어 커피 맛이 강하지 않은 부드러운 우유커피 |
| 카푸치노 | | 에스프레소에 우유와 거품이 조화를 이루는 커피메뉴 |
| 카페모카 | | 에스프레소에 초콜릿 소스와 데운 우유를 넣은 후 생크림을 얹은 메뉴 |

| | | |
|---|---|---|
| 에스프레소 콘파냐 |  | 콘(Con)은 이탈리아어로 '~을 넣은'이라는 뜻이고, 파냐는 '생크림'을 뜻함<br>에스프레소 위에 생크림을 넣어 부드럽게 마시는 에스프레소 메뉴 |
| 아인슈패너 (Einspanner) |  | 비엔나 커피. 차가운 생크림의 부드러움과 뜨거운 커피의 쓴맛을 즐길 수 있는 커피 |
| 에스프레소 마키아토 |  | 마키아토는 이탈리아어로 '얼룩진' '점찍다'라는 뜻임<br>에스프레소에 우유거품을 살짝 올려 부드럽게 마시는 에스프레소 메뉴 |
| 아포가토 |  | 아포가토는 이탈리아어로 '끼얹다' '빠지다'라는 뜻임. 아이스크림에 뜨거운 에스프레소를 얹어내는 에스프레소 디저트 메뉴임 |

| | | |
|---|---|---|
| 아메리카노 |  | 에스프레소에 적당량의 뜨거운 물을 섞는 방식이 커피를 즐기는 미국에서 시작된 것이라 하여 '아메리카노'라 부름 |
| Organic Coffee (오르가닉 커피) |  | 유기농 커피 |
| 카페로얄 |  | 각설탕에 브랜디를 부은 후, 불을 붙여 녹인 뒤 커피와 함께 먹는 독특한 커피 |
| 아이리시 (Irish) |  | 위스키를 베이스로 하여 커피와 휘핑크림으로 만든 칵테일 커피 |
| 칼루아 (Kahlua) |  | 브랜디를 기초로 하여 코코아, 바닐라를 섞은 음료인 칼루아를 커피에 넣어 달달하게 만든 칵테일 커피 |

## 2) 아이스커피 메뉴

| | | |
|---|---|---|
| 아이스<br>아메리카노 | | 얼음이 채워진 잔에 에스프레소를 붓고, 잔에 9부가 되도록 찬물을 부어줌 |
| 아이스<br>카페 라떼 | | 아이스 카페 라떼 잔에 얼음을 채우고, 우유를 8부 정도가 되게 잔에 부은 후, 에스프레소를 얼음 위에 부어줌 |
| 아이스<br>카푸치노 | | 얼음을 채운 아이스 카푸치노 잔에 찬 우유를 반 정도 채우고, 우유거품을 큰 스푼을 이용해서 잔에 넣은 후, 잔 위에 에스프레소를 부어줌 |
| 아이스 모카 | | 아이스 모카 잔에 얼음을 채우고, 용기에 에스프레소와 초코소스, 우유가 잘 섞이도록 저어준 다음, 잔에 부어줌 |

■ 여러 가지 커피 인포그래픽 ■

### 3) 우유거품 만들기

우유거품은 머신의 스팀을 이용하여 만들 수 있다. 우유를 따듯하게 데워주며 우유에 공기를 주입하여 거품을 만들어내는 역할을 한다.

■ 벨벳 밀크 만드는 법

① 피처에 우유 붓기

우유는 냉장고에 보관해야 하며 피처에 1/3~1/2 정도만 담는다.

② 스팀 빼주기

스티밍 전에 짧게 스팀을 해준다.

③ 우유 피처에 노즐 담가 스팀 분사

노즐을 우유 표면에 살짝 담그면 표면에 잔거품이 많이 일어나고 또 너무 깊이 담그면 온도가 빨리 올라가서 부드러운 거품을 만들 수가 없다. 헤드부분까지만 담근다. 2℃에서 37℃까지 온도가 올라가는 동안 우유의 거품을 충분하게 생성해야 벨벳 폼을 만들 수 있으나, 그 이상의 온도에서는 딱딱한 거품이 생성된다. 37℃부터는 롤링을 하면서 거품을 쪼개주며 우유의 온도를 65~70℃까지 높여준다. 65~70℃ 정도에서 단맛과 보디감이 좋으나 너무 온도가 낮으면 비린 맛이 날 수 있다.

④ 스팀 꺼주기

우유의 온도가 65~70℃일 때, 이때는 공기주입 소리는 나지 않고 회전만 한다. 공기주입 단계에서 생성되는 거품과 우유가 혼합되는 과정이다. 시각적으로는 아이스크림이 살짝 녹는 듯한 부드러운 액상의 거품이 된다.

⑤ 스팀 완드 청소

스팀밸브를 짧게 한번 작동시켜 증기와 남아 있는 잔여거품을 빼낸다.

# 제13장

# 2급 바리스타 실기

〈(사)한국커피바리스타협회 기준〉

## 1. 준비시간 10분

**준비시간에는 진행과정을 심사하지 않으며,**
**준비가 완료된 시점에 준비상태를 심사**

- 행주 정리, 커피머신 점검, 잔 예열, 시험 추출, 잔 건조, 커피머신 및 그라인더 청소, 작업테이블 청소, 티스푼 점검, 물 주전자 물 채우기, 재료(우유, 커피) 확인 등을 한다.
- TRAY에는 아무것도 없어야 한다.(물품이 있으면 감점 처리됨)

## 2. 조리시간 10분

- 인사와 부여번호를 말한다.
- 물을 제공한다.
- 에스프레소를 추출하고, 지정메뉴 ①을 조리한다.
- 카푸치노를 조리하고, 지정메뉴 ②를 조리한다.

## 3. 정리시간 5분

**정리시간 중에는 진행과정을 심사하지 않으며,**
**정리가 완료된 시점에서 정리상태를 심사**

- 사용한 모든 기물을 정리한다.
- 커피머신과 커피 그라인더를 원래 상태로 청소한다.
- 작업테이블을 원래 상태로 정리한다.

**지정메뉴**

1. 지정메뉴 추출
· 모든 메뉴는 에스프레소를 기준으로 만들어야 한다.
· 원두 15~18g을 사용하여 에스프레소 20~30ml 추출을 기본으로 한다.
· 추출방법은 제한이 없다.

2. 지정메뉴(매년 시험공고 시 변경될 수 있음)
1) 지정메뉴①: 카페 아메리카노(270ml 잔 사용)
· 에스프레소 추출 후 물을 혼합한다.
· 메뉴 전체의 양은 잔의 손잡이 위 접합부분 높이까지 조리한다.
① 티스푼과 잔 받침을 사용한다.
② 준비된 잔에 에스프레소 20~30ml(크레마 포함)를 추출한다.
③ 스팀피처(600ml)에 온수를 받는다.

④ 에스프레소가 추출된 잔에 10cm 높이에서 온수를 많이 부어 잔의 손잡이 위 접합부분 높이까지 만든다.
⑤ 물의 온도는 60~70℃로 조리한다.

2) 지정메뉴② : 카페 라떼(270ml 잔 사용)
· 거품이 없는 카페 라떼를 조리한다.
· 거품이 없는 카페 라떼의 경우 우유 전체의 양은 잔의 손잡위 위 접합부분까지 조리하여야 하며, 크레마는 우유와 혼합되더라도 표면에 남아 있어야 한다.
① 티스푼과 잔 받침을 사용한다.
② 스팀피처에 차가운 우유를 담는다.
③ 준비된 잔에 에스프레소 20~30ml를 추출한다.
④ 준비된 우유를 60~70℃로 데우고 거품은 0.5cm 미만으로 만든다.
⑤ 거품이 없는 카페 라떼는 스팀피처를 이용하여 에스프레소를 추출한 잔에 부어서 만든다.

### 준비 10분

준비시간에는 진행과정을 심사하지 않으며, 준비가 완료된 시점에서 준비상태를 심사

## 1) 준비 시작

앞치마를 착용하고 행주가 담긴 쟁반을 들고 심사위원에게 부여번호를 제시한 후, 한 손을 들고 "준비하겠습니다."라고 의사표시하고 준비를 시작한다.

## 2) 들고 있던 행주 6개를 제 위치에 놓는다.

■ 행주 위치

- 젖은 행주 3개 : 드립트레이 1개, 스팀용 1개, 바닥정리 1개
- 마른행주 3개 : 포타필터 그라인더용 1개, 예열 잔 닦는 용 1개, 준비(접시, 컵 닦는 용 1개)

## 3) 행주를 위치에 놓고 나서 머신을 점검한다.

- 양쪽 스팀, 노즐, 스위치 점검
- 온수, 양쪽 그룹 스위치, 게이지 점검

## 4) 잔 예열하기

- 스팀피처에 물을 받으며 잔을 내려놓는다.
- 잔에 물을 70~80%씩 채워 넣는다.

## 5) 잔 예열하는 동안 예비 추출한다.

## 6) 예비 추출이 끝나면 잔 건조를 하고 머신을 깨끗이 한다.

- 잔에 있는 물을 비우고, 깨끗이 닦아 머신 위에 올려놓는다.
- 포타필터에 있는 커피 찌꺼기를 비우고, 깨끗하게 헹궈 정리한다.

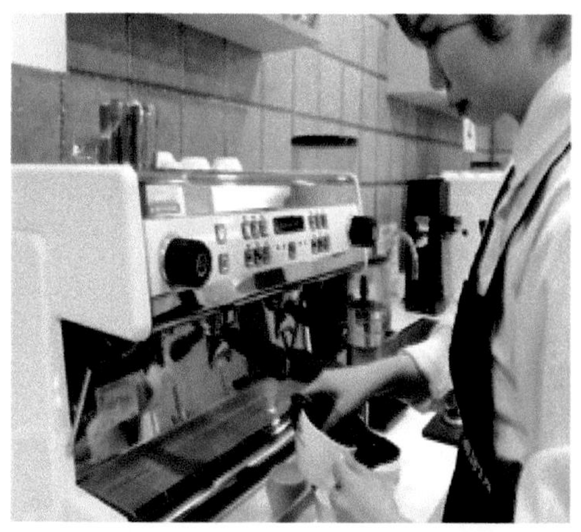
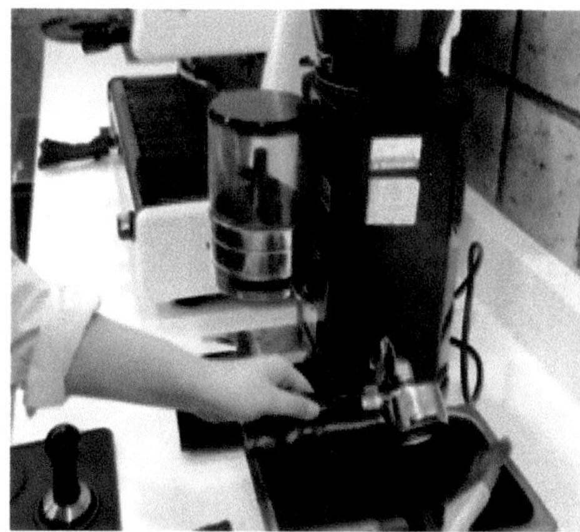

## 7) 그라인더 주위와 탬퍼, 도저 청소를 깨끗이 한다.

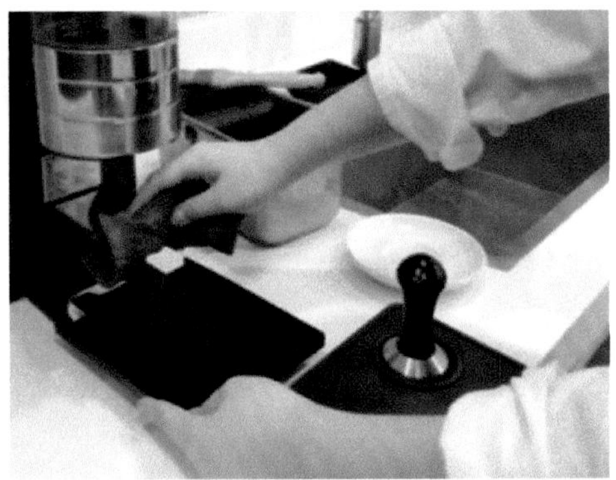

## 8) 기물 점검과 물, 우유 재료를 확인한다.

### 시연 10분

"시작하세요"라는 심사위원의 신호에 따라 손을 들고 "시작하겠습니다."라는 의사표시와 함께 조리를 시작

## 1) 시연 시작

인사와 함께 부여번호를 말한다.

"안녕하세요. 부여번호 ○번입니다. 먼저 물부터 제공해 드리겠습니다."

심사위원에게 2잔의 물을 먼저 제공한다.

## 2) 설명

추출하고자 하는 에스프레소의 양, 지정메뉴의 조리방법을 설명한다. "크레마를 포함한 20~30ml의 에스프레소와 에스프레소에 물을 넣은 아메리카노를 만들겠습니다."

## 3) 에스프레소와 아메리카노 추출

- 트레이에 에스프레소와 아메리카노의 잔 받침과 티스푼을 준비하고 먼저 물을 받아 놓는다.

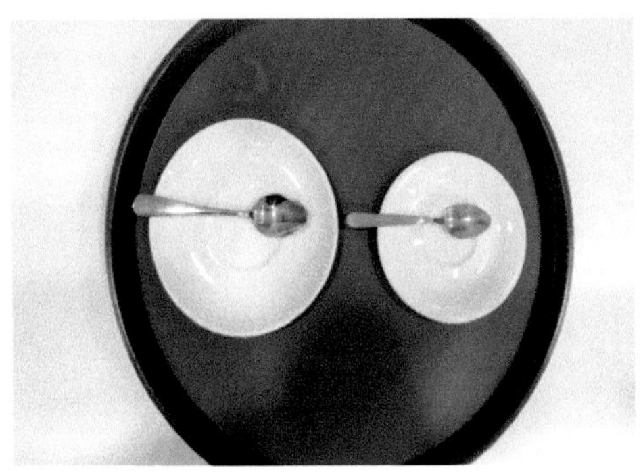

• 포터필터를 분리한다.(커피가루가 있을 경우 마른행주로 닦아낸다.)

• 그라인더에 알맞은 커피를 담고, 탬핑을 한다.

* 에스프레소와 지정메뉴① 아메리카노가 심사테이블에 제공되면 자동으로 조리시간은 일시정지되며, 심사위원이 커피음료를 심사하는 동안 작업테이블로 돌아와서 대기한다.

## 4) 카푸치노와 지정메뉴 카페 라떼 조리단계

• "시작하세요"라는 심사위원의 신호에 따라 손을 들면서 "시작하겠습니다."라는 의사표시와 함께 일시 정지되었던 조리시간이 계속되며, 조리를 진행한다.

• 카푸치노와 지정메뉴② 카페 라떼의 조리방법을 설명한다.

• 스팀피처에 우유를 담는다.

• 에스프레소를 추출

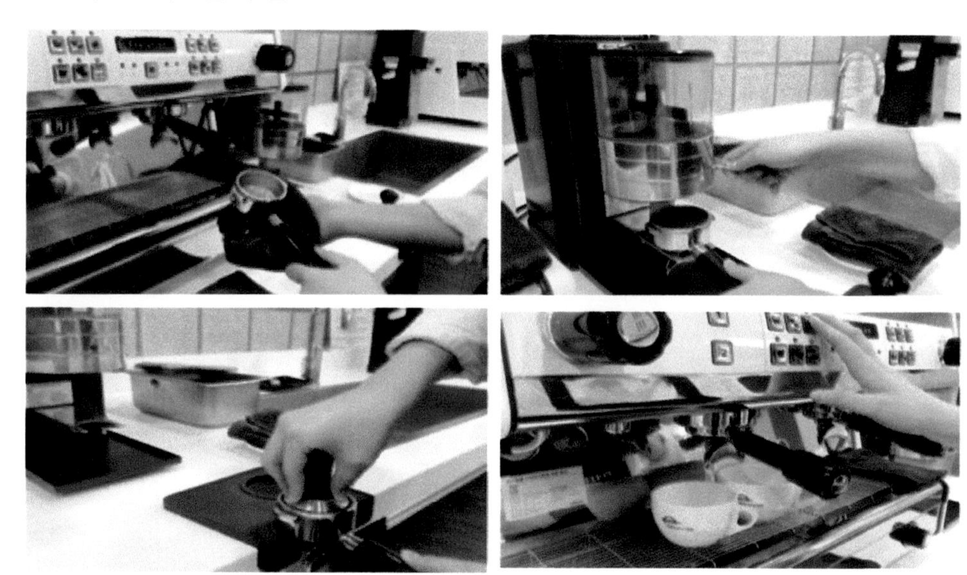

• 우유 스티밍

• 카푸치노와 카페 라떼 조리

• 심사 테이블 앞에서 "실례합니다." 하며 제공

⋆ 카푸치노와 지정메뉴②가 테이블에 제공되면 자동으로 조리시간은 종료된다.

## 정리 5분

> 서빙을 마치고 작업테이블로 돌아와서 손을 들면서 "정리 시작하겠습니다."라는 의사표시와 함께 정리를 시작

- 에스프레소를 추출한 포타필터를 청소한다.
- 커피머신을 청소한다. 이때 물기가 없도록 한다.
- 커피 그라인더를 청소한다.
- 작업테이블을 청소한다.
- 커피머신, 커피 그라인더, 탬퍼 등을 원래의 상태로 깨끗이 청소, 정리한다. 본인이 사용한 스팀피처와 접시 등 세척이 필요한 기물은 커피머신 앞에 모아서 정리한다.
- 본인이 준비한 행주는 트레이에 담아서 퇴장한다.

* 모든 정리가 완료되면 손을 들면서 "마치겠습니다."라는 의사표시를 하고 퇴장한다.

## 참고문헌


권대옥(2012), 핸드드립커피, 이오디자인

권장하(2005), 커피문화의 발자취, 미스터커피SICA출판부

김성윤(2004), 커피이야기, 살림

변광인 외(2008), 에스프레소 이론과 실무, 백산출판사

송은경 역(2003), 커피이야기, 나무심는사람

이창신 역(2005), 커피견문록, 이마고

장상문 외(2007), 커피학, 광문각

최병호 외(2011), 커피바리스타 경영의 이해, 기문사

최희진 외(2011), 커피의 세계와 바리스타, 대왕사

호리구치 토시히데(2012), 커피교과서, 달

한국커피자격검정평가원 실기심사 매뉴얼

밀레니엄서울힐튼호텔 서비스 매뉴얼

Sara Perry, The Complete Coffee Book

Jacki Baxter, The Coffee Book

Liss, David, The Coffee Trader

Karl Schapira, The Book of Coffee & Tea, St. Martin's Griffin

Catherine Atkinson, Mary Banks, The Chocolate & Coffee Bible

Marriott, J. W. Jr. & Brown, K. A., The Spirit to Serve, Harper Collins Publishiers

http://100.naver.com

### 김춘호

- 현재, 영진전문대학교 글로벌호텔항공관광계열 교수
- 밀레니엄서울힐튼호텔 교육센터 원장 역임
- 경기대학교 관광학 석사, 박사 졸업

### 김소영

- 현재, 영진전문대학교 글로벌호텔항공관광계열 겸임교수
- Gusto, Baribary 커피전문점 대표 역임
- 계명대학교 관광학 석사 졸업

### 정재원

- 현재, ㈜푸디아 대표, 하와이코나 사자커피 대표
- 영진전문대학교 글로벌호텔항공관광계열 외래교수 역임
- 경기대학교 호텔경영학과 박사과정 중. Johns Hopkins University 마케팅 석사 졸업

저자와의
합의하에
인지첩부
생략

# 바리스타 실무

2020년 2월 25일 초판 1쇄 발행
2024년 1월 30일 초판 2쇄 발행

**지은이** 김춘호·김소영·정재원
**펴낸이** 진욱상
**펴낸곳** (주)백산출판사
**교　정** 편집부
**본문디자인** 편집부
**표지디자인** 오정은

**등　록** 2017년 5월 29일 제406-2017-000058호
**주　소** 경기도 파주시 회동길 370(백산빌딩 3층)
**전　화** 02-914-1621(代)
**팩　스** 031-955-9911
**이메일** edit@ibaeksan.kr
**홈페이지** www.ibaeksan.kr

ISBN 979-11-90323-76-5　93570
**값 22,000원**